全国中等职业技术学校数控加工专业一体化精品教材

钳工工艺与技能

人力资源和社会保障部教材办公室组织编写

中国劳动社会保障出版社

简介：

本书的主要内容包括：钳工入门、划线、锯削、锉削、孔加工、复合作业等。

本书由徐建军主编，陈仁虎、徐佶参编，张继东审稿。

图书在版编目(CIP)数据

钳工工艺与技能/人力资源和社会保障部教材办公室组织编写. —北京：中国劳动社会保障出版社，2010

全国中等职业技术学校数控加工专业一体化精品教材

ISBN 978－7－5045－8434－2

Ⅰ.①钳… Ⅱ.①人… Ⅲ.①钳工-工艺-专业学校-教材 Ⅳ.①TG9

中国版本图书馆CIP数据核字(2010)第134693号

中国劳动社会保障出版社出版发行

（北京市惠新东街1号 邮政编码：100029）

出版人：张梦欣

*

中国标准出版社秦皇岛印刷厂印刷装订 新华书店经销

787毫米×1092毫米 16开本 7.75印张 182千字

2010年7月第1版 2021年12月第13次印刷

定价：13.00元

读者服务部电话：(010) 64929211/84209101/64921644

营销中心电话：(010) 64962347

出版社网址：http://www.class.com.cn

http://jg.class.com.cn

前　言

为了更好地适应全国中等职业技术学校数控加工专业的教学要求，全面提升教学质量，人力资源和社会保障部教材办公室组织全国有关学校的一线教师和行业、企业专家，在充分调研企业生产和学校教学情况的基础上，研发、出版了全国中等职业技术学校数控加工专业一体化精品教材。本套教材充分吸收国内外职业教育教学的先进理念，借鉴一体化教学改革的最新成果，在体系构建和内容设置上具有突出特点。

一是教材体系完整，为教和学提供有力支持。

从数控加工专业教学实际需求出发，构建既有通用基础平台又有不同专业方向平台的完整的一体化教材体系。其中，通用基础平台的教材包括《机械基础》《极限配合与机械测量》《钳工工艺与技能》；专业方向平台的教材包括《车工工艺与技能》《铣工工艺与技能》《数控车床加工技术》《数控铣床加工中心加工技术》《数控电加工技术》等，适用于数控车床加工、数控铣床加工中心加工、数控电加工三个专业方向的教学。

从“助教”和“助学”的角度构建每门课程对应的教学资源，结构如下：

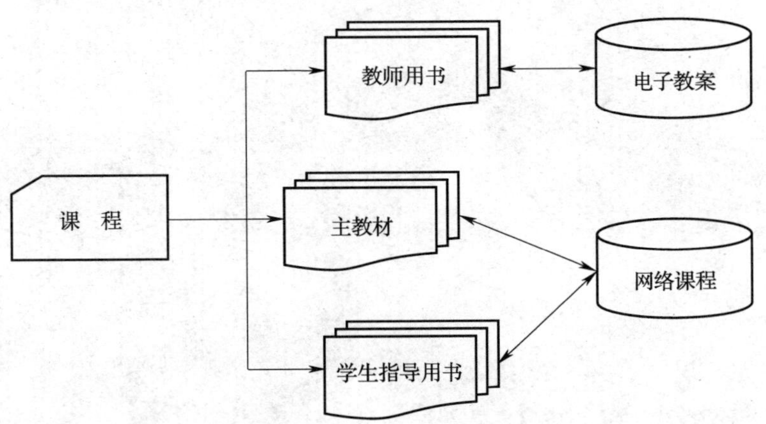

其中，主教材讲授各门课程的主要知识和技能，内容准确、针对性强，并通过课题的设置和栏目的设计，突出教学的互动性，启发学生自主学习。教师用书涵盖教材内容分析、教学过程建议、课堂活动设计等多个方面的内容，为教师提供全面的教学指导服务。在教师用书之后还附有教学用电子教案等多媒体教学素材光盘。学生指导用书除包含课后习题外，还设置了与教师用书配套的课堂活动设计内容，注重学生综合素质培养、知识面拓展和能力强化，成为贯穿学生整个学习过程的学习指导材料。网络课程根据主教材和学生指导用书开发，用于学生通过网络进行远程自学。

二是教材内容精良，为能力培养打造坚实平台。

在内容的选择和组织上，坚持以能力为本位，重视实践能力的培养。力求使教材内容涵盖《国家职业标准·数控车工》（中级）、《国家职业标准·数控铣工》（中级）、《国家职业标准·加工中心操作工》（中级）、《国家职业标准·电切削工》（中级）的知识和技能要求。结合一体化教学理念，以典型工作任务为载体，整合相应的知识和技能，实现理论与操作技能的统一，使学生在一个个贴近企业的具体职业情境中学习，既符合职业教育的基本规律，又有利于培养学生分析问题和解决问题的综合职业能力。

在内容的呈现方式上，尽可能使用图片、实物照片或表格等形式将各个知识点和操作过程生动地展示出来，力求给学生营造一个更加直观的认知环境。同时，设计了很多贴近生活的导入和小栏目，以期激发学生的学习兴趣。

本套教材的开发得到了河北、江苏、陕西、河南、广西、广东等省、自治区人力资源和社会保障厅及有关学校的大力支持，在此我们表示诚挚的谢意。

人力资源和社会保障部教材办公室

2010 年 7 月

目　　录

项目一　钳工入门 …………………………………………………………………………（1）

任务 1　钳工基础知识及安全生产教育……………………………………………（1）
任务 2　台虎钳的使用和维护………………………………………………………（10）

项目二　划线 ……………………………………………………………………………（16）

任务 1　划线工具的使用……………………………………………………………（16）
任务 2　圆钢棒料划线………………………………………………………………（27）

项目三　锯削 ……………………………………………………………………………（34）

任务 1　锯削姿势训练………………………………………………………………（34）
任务 2　锯削长方体…………………………………………………………………（41）
任务 3　锯削薄板、薄壁件…………………………………………………………（46）

项目四　锉削 ……………………………………………………………………………（51）

任务 1　平面锉削姿势练习…………………………………………………………（51）
任务 2　狭长面锉削…………………………………………………………………（58）
任务 3　长方体锉削…………………………………………………………………（62）

项目五　孔加工 …………………………………………………………………………（69）

任务 1　钻孔准备及钻孔……………………………………………………………（69）
任务 2　扩孔、锪孔、铰孔…………………………………………………………（81）
任务 3　攻螺纹和套螺纹……………………………………………………………（95）

项目六　复合作业 ………………………………………………………………………（107）

任务 1　手锤加工……………………………………………………………………（107）
任务 2　凸字形加工…………………………………………………………………（113）

项目一

钳工入门

任务1 钳工基础知识及安全生产教育

学习目标

1. 了解钳工的工作任务，熟悉钳工的工作环境。
2. 了解钳工常用的设备和相关安全文明生产常识。
3. 了解钳工的基本技能。

工作任务

随着机械工业的发展，许多繁重的工作已被机械加工所代替，但那些精度高、形状复杂零件的加工以及设备安装调试与维修是机械加工难以完成的，这些工作仍需靠钳工精湛的技艺完成。因此，钳工是机械制造业中不可缺少的工种。

在钳工操作台上，人们利用手工工具可以从事机械零件的加工、机器的装配与调试、设备的安装与维修、模具的制造与修理等工作，如图1—1所示为利用手工工具进行机械装配工作。

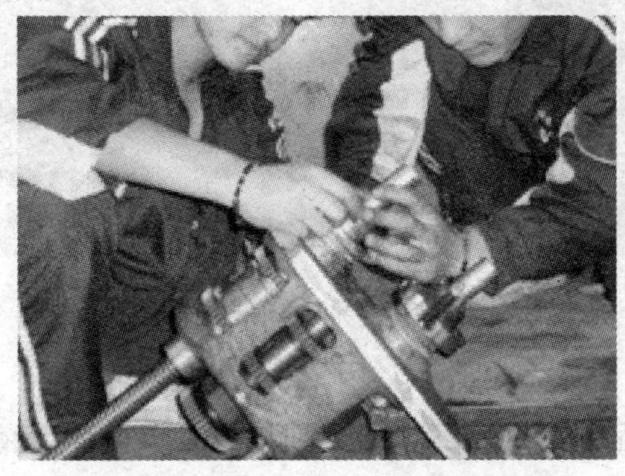

图1—1 机械装配

本任务是通过参观钳工实训车间，熟悉钳工的工作环境，了解钳工的工作任务，认识钳工常用的设备。

相关理论

一、钳工的工作任务

1．加工零件

一些采用机械方法不适宜或不能解决的加工工作，都可由钳工来完成。如零件加工过程中的划线、精密加工（如刮削、研磨、锉削样板等）以及检验和修配等，如图 1—2 所示。

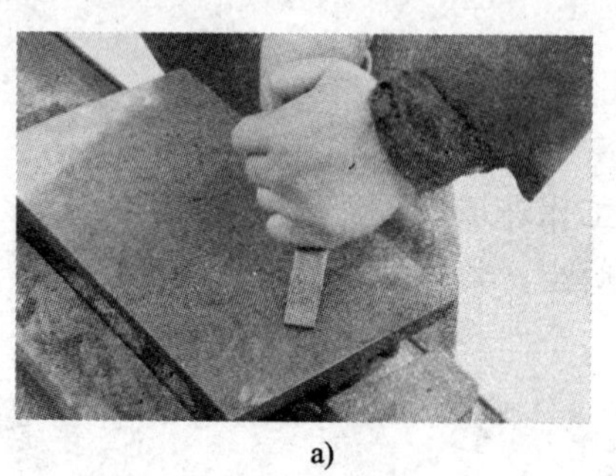

a)

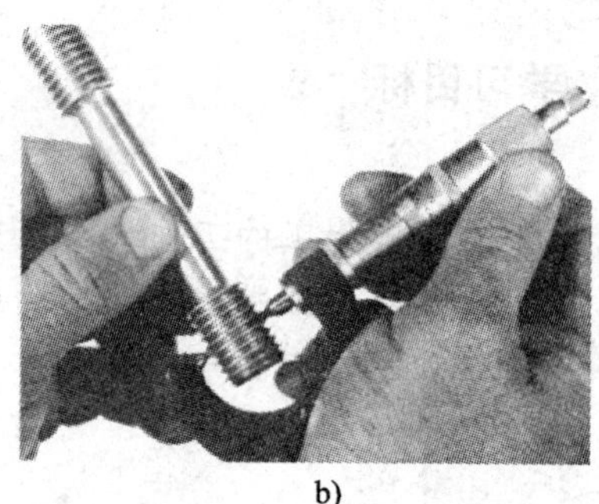

b)

图 1—2　加工零件

a）平面刮削　b）螺纹零件的检验

2．装配

把零件按机械设备的装配技术要求进行组件、部件装配和总装配，并经过调整、检验和试车等，使之成为合格的机械设备。如图 1—3 所示为车床主轴的装配。

图 1—3　车床主轴的装配

3．设备维修

当机械设备在使用过程中发生故障、出现损坏或长期使用后精度降低，影响使用时，也要通过钳工进行维护和修理，如图 1—4 所示为车床主轴箱的修理。

4．工具的制造和修理

制造和修理各种工具、夹具、量具、模具及各种专用设备，如图 1—5 所示。

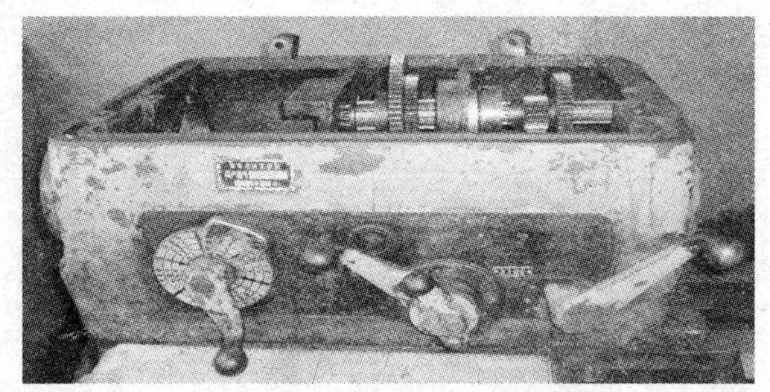

图 1—4　车床主轴箱的修理

a)

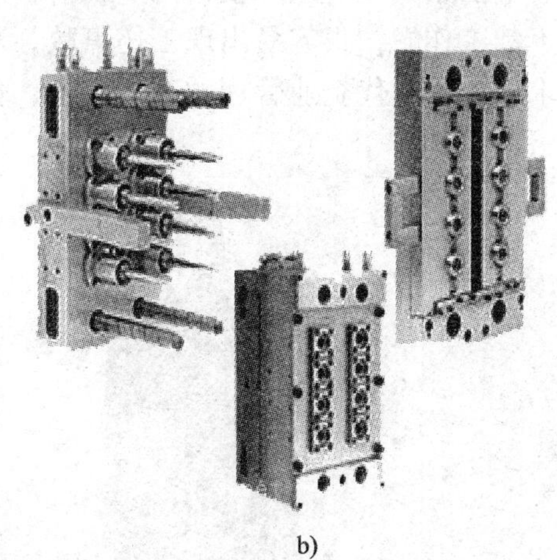

b)

图 1—5　工具的制造和修理

a）夹具制造　b）模具制造

二、钳工的基本技能

作为一名合格的钳工，必须掌握好钳工的各项基本操作技能，其内容有：划线、錾削、锯削、锉削、钻孔、扩孔、锪孔、铰孔、攻螺纹、套螺纹、矫正与弯形、铆接、刮削、研磨、机器装配和调试、设备维修、测量和简单热处理等。

三、实习场地的安全文明生产常识

1. 工量具应按次序排列，左手边放工具，右手边放量具。
2. 量具不能与工件、工具混放。
3. 量具使用完后及时擦拭干净，并涂油防锈。
4. 工作场地经常保持整洁。
5. 不得在砂轮间内打闹。
6. 在砂轮间内操作必须戴上防护眼镜。
7. 不准在砂轮上磨削与实习无关的东西。
8. 刃磨刀具时，必须站在砂轮机的侧面或斜侧面。
9. 在钻孔时不能戴手套，女生需要戴安全帽。
10. 实习时不能串岗、不能迟到早退、不能做与实习无关的事情。

11．注意教室卫生整洁，离开实习教室前必须关闭电源和门窗。

任务实施

一、入场准备

1．着装规定

工作时必须穿好工作服，如图1—6a所示，袖口、衣服要扣好，要做到三紧（袖口紧、领口紧、下摆紧）。女生不允许穿凉鞋、高跟鞋，并应戴好工作帽，如图1—6b所示。穿着便装或不戴工作帽，很容易出现工伤事故，如图1—7所示。规范的着装，是安全与文明生产的要求，也是现代企业管理的基本要求，代表着企业的形象。

a)

b)

图1—6　工作服的穿戴

a）穿好工作服　b）女工戴好工作帽

图1—7　不规范着装的危害

2．安全生产教育

每个企业、车间，各个工种、岗位都有安全与文明生产的具体要求和各项规章制度，在实施作业前，应当认真学习，并在工作中加以贯彻执行，以确保安全与文明生产。

进入生产现场参观时应做到以下几点：

（1）服从带队教师指挥，按预案（参观项目、路线、时间、地点等）有序参观。

（2）严禁擅自动手触摸机器设备和工件。

（3）在人行通道行走，严禁擅自越线进入操作区域。

二、参观钳工工作场地、设备，观摩钳工各项基本操作

1．参观钳工实习场地及基本设备

钳工工作台又称钳桌，是钳工专用的工作台，用于安装台虎钳并放置工件、工具，如图1—8所示。

图1—8　钳工工作台

钻床是用来对工件进行孔加工操作的设备，有台式钻床、立式钻床和摇臂钻床三种，如图1—9所示。在钳工场地广泛使用的是台式钻床。

砂轮机主要用于磨削钳工刀具或工具，也可用来修磨小型零件，如图1—10所示。

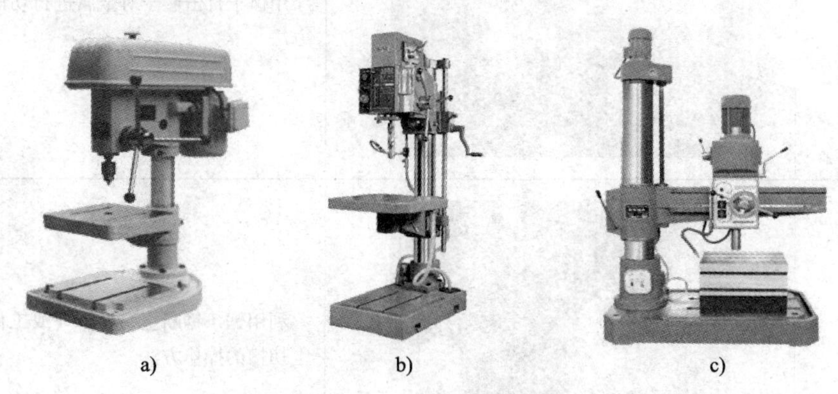

a)　　b)　　c)

图1—9　钳工使用的钻床

a）台式钻床　b）立式钻床　c）摇臂钻床

a)

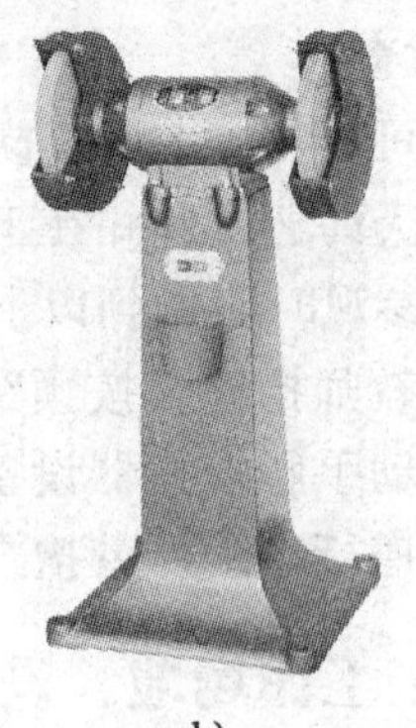

b)

图 1—10　钳工常用的砂轮机

a）台式砂轮机　b）立式砂轮机

2. 观摩钳工各项基本操作

钳工基本操作见表 1—1。

表 1—1　　钳工基本操作

基本操作	演示	简介
划线		根据图样的尺寸要求，用划线工具在毛坯或半成品上划出待加工部位的轮廓线或基准的操作方法
錾削		用锤子打击錾子对金属进行切削加工的操作方法
锯削		利用锯条锯断金属材料（或工件）或在工件上切槽的操作方法

续表

基本操作	演示	简介
锉削		用锉刀对工件表面进行切削加工，使其达到零件图样要求的加工方法
钻孔、扩孔和锪孔		钻孔：用钻头在实体材料上加工孔的方法 扩孔：用扩孔工具扩大已加工出的孔的方法 锪孔：用锪钻在孔口表面锪出一定形状的孔或表面的方法
铰孔		用铰刀从工件壁上切除微量金属层，以提高孔的尺寸精度和表面质量的加工方法
攻螺纹和套螺纹		攻螺纹：用丝锥在工件内圆柱面上加工出内螺纹的方法 套螺纹：用圆板牙在圆柱杆上加工出外螺纹的方法
矫正和弯曲		矫正：消除材料或工件弯曲、翘曲、凸凹不平等缺陷的加工方法 弯曲：将坯料弯成所需要形状的加工方法

续表

基本操作	演示	简介
铆接和粘接		铆接：用铆钉将两个或两个以上工件组成不可拆卸的连接的操作方法 粘接：利用黏结剂把不同或相同的材料牢固地连接成一体的操作方法
刮削		用刮刀在工件已加工表面上刮去一层很薄金属的操作方法
研磨	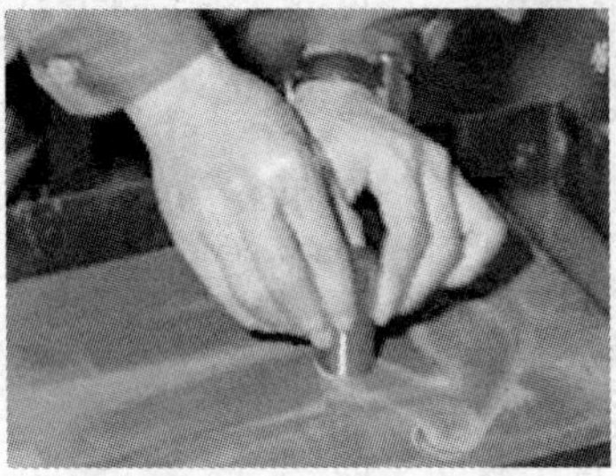	用研磨工具和研磨剂从工件上研去一层极薄表面层的精加工方法
装配和调试	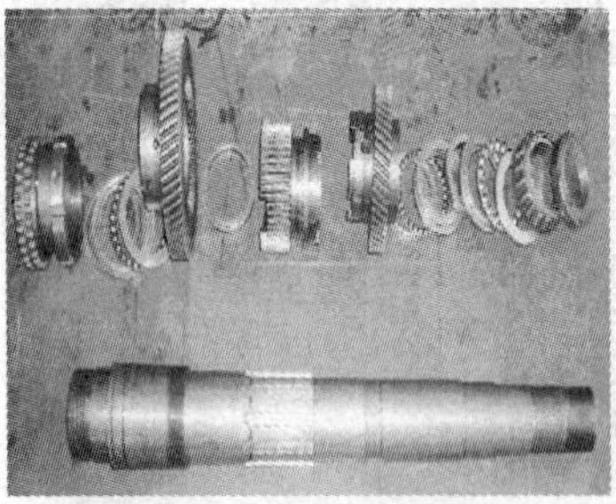	将若干合格的零件按规定的技术要求组合成部件，或将若干个零件和部件组合成机器设备，并经过调整、试验等使之成为合格产品的工艺过程
测量		用量具、量仪检测工件或产品的尺寸、形状和位置是否符合图样技术要求的操作

续表

基本操作	演示	简介
简单的热处理		通过对工件进行加热、保温和冷却，改变金属和合金内部结构，以改变材料的机械、物理和化学性能的操作

三、整理实习工作位置

在明确各自的实习工作位置后，整理并安放好所发的个人使用工具，然后对台虎钳进行拆装实践以熟悉其结构，同时对台虎钳做好清洁去污、注油等维护保养工作。

课后思考

1. 在当今现代化机器大生产条件下，为什么还需要以手工操作为主的钳工工种？

2. 通过参观学习，你了解到的钳工常用基本操作有哪些？通过网络查阅资料，你还知道哪些钳工操作内容？

3. 在如图 1—11 所示的钳工操作现场图片中，哪些是不符合安全与文明生产要求的？请说出至少 5 处。

图 1—11　钳工操作现场图片

任务 2　台虎钳的使用和维护

学习目标

1. 了解台虎钳的种类。
2. 掌握回转式台虎钳的结构和工作原理。
3. 学会台虎钳的使用和日常维护方法。

工作任务

台虎钳是钳工常用的设备之一，它是用来夹持工件的通用工具，钳工的许多基本操作都是在该设备上完成的。

本任务是介绍台虎钳的种类与结构，进行台虎钳的使用和维护训练，使学生掌握台虎钳的使用方法；熟悉并掌握台虎钳日常维护的一般步骤和方法；养成良好的工作习惯，为以后钳工实习做好准备。

相关理论

一、台虎钳的种类

台虎钳是用来夹持工件的通用夹具，有固定式和回转式两种类型，如图 1—12 所示。

a)　　　　b)

图 1—12　台虎钳

a）固定式台虎钳　b）回转式台虎钳

二、回转式台虎钳的结构和工作原理

回转式台虎钳的结构如图 1—13 所示。活动钳身通过导轨与固定钳身的导轨作滑动配合。丝杆装在活动钳身上，可以旋转，但不能轴向移动，并与安装在固定钳身内的丝杆螺母

配合。当摇动手柄使丝杆旋转时，就可以带动活动钳身相对于固定钳身作轴向移动，从而夹紧或放松工件。弹簧借助挡圈和开口销固定在丝杆上，其作用是当要放松工件时，可使活动钳身快速退出。在固定钳身和活动钳身上均装有钢制钳口，并用螺钉固定。钳口的工作面上制有交叉的网纹，使工件夹紧后不易产生滑动。钳口经过热处理淬硬，具有较好的耐磨性。固定钳身装在转座上，并能绕转座轴线转动，当转到要求的方向时，扳动夹紧手柄使夹紧螺钉旋紧，便可在夹紧盘的作用下使固定钳身紧固。转座上有三个螺栓孔，用以与钳工工作台固定。

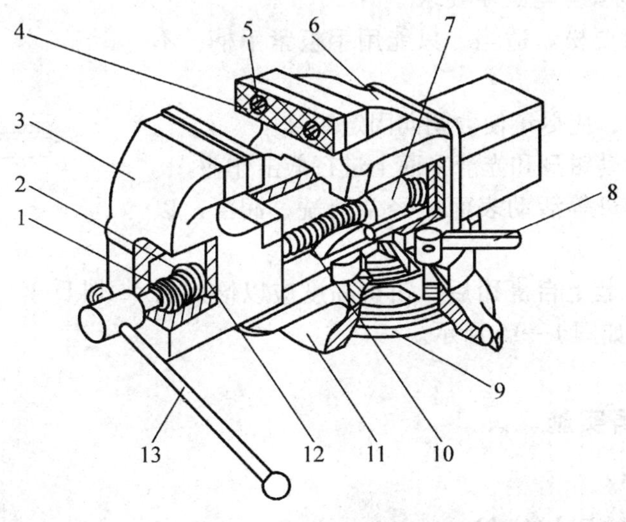

图 1—13　回转式台虎钳结构

1—弹簧　2—挡圈　3—活动钳身　4—钢制钳口　5—螺钉　6—固定钳身
7—丝杆螺母　8—夹紧手柄　9—夹紧盘　10—丝杆　11—转座　12—开口销　13—手柄

三、安全生产

执行安全操作规程、遵守劳动纪律、严格按照工艺要求操作是保证产品质量的重要前提条件。

1．使用钳工工作台的安全与文明要求

（1）操作者站在钳工工作台的一面工作，对面不允许有人。面对面使用钳工工作台必须设置密度适当的安全网，如图 1—14 所示。

图 1—14　钳工工作台安全网

（2）钳工工作台上使用的照明电压不得超过 36 V。

（3）钳工工作台上的杂物要及时清理，工具、量具和刃具分开放置，以免混放损坏。

（4）摆放工具时，不能让工具伸出钳工工作台边缘，以免被碰落而砸伤人脚。

2．使用台虎钳的安全与文明要求

（1）夹紧工件时要松紧适当，只能用手扳紧手柄，不得借助其他工具加力。

（2）强力作业时，应尽量使力朝向固定钳身。

（3）不允许在活动钳身和光滑平面上进行敲击作业。

（4）对丝杆、螺母等活动表面应经常清洗、润滑，以防生锈。

（5）钳工工作台装上台虎钳后，钳口高度应以恰好与人的手肘齐平为宜，如图 1—15 所示。

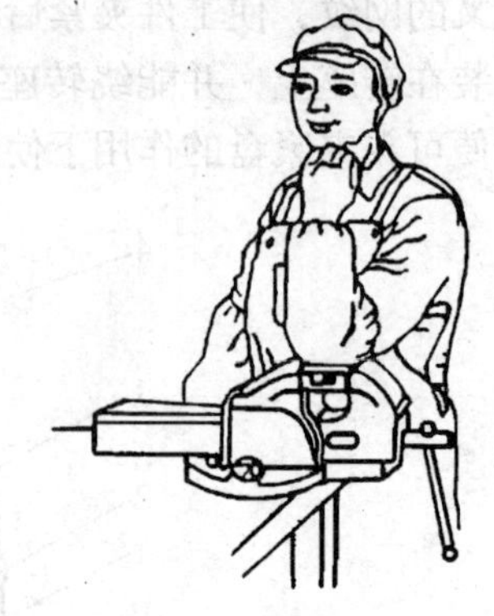

图 1—15　台虎钳在钳工工作台上的高度

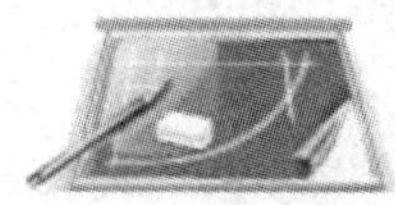

任务实施

一、台虎钳的使用与维护

台虎钳的使用与维护操作见表 1—2。

表 1—2　　台虎钳的使用与维护

操作步骤	示意图	操作要点与要求
1．认识台虎钳		操作要点：观察台虎钳外观，测量钳口宽度，识读铭牌规格 要求：了解台虎钳规格和型号的含义
2．台虎钳打开与闭合		操作要点：单手转动台虎钳手柄，练习台虎钳的开合 要求：动作连贯、迅速，能记住旋转方向与钳口开合的关系

续表

<table>
<tr><th>操作步骤</th><th>示意图</th><th>操作要点与要求</th></tr>
<tr><td rowspan="2">3. 观察钳口并修整钳口位置</td><td rowspan="2"> </td><td>操作要点：打开钳口，观察钳口网格，网格的作用是可靠地夹紧工件。如果钳口松动，可在教师指导下用扳手拆下螺钉，清理钳口安装平面上的铁屑等杂物，然后再装上钳口，并紧固好螺钉</td></tr>
<tr><td>要求：钳口安装无间隙、紧固可靠，两钳口合拢后能平齐</td></tr>
<tr><td rowspan="2">4. 台虎钳夹紧螺钉松开与夹紧</td><td rowspan="2"> </td><td>操作要点：双手分别旋松两侧夹紧螺钉</td></tr>
<tr><td>要求：卸下两只夹紧螺钉</td></tr>
<tr><td rowspan="2">5. 台虎钳拆卸与底座分离</td><td rowspan="2"> </td><td>操作要点：将台虎钳上半部分与底座分离，小心地放置在一边台面上</td></tr>
<tr><td>要求：检查底座内夹紧盘有无损坏断裂，如有损坏，可在教师指导下修理或更换</td></tr>
<tr><td rowspan="2">6. 台虎钳活动钳身与固定钳身分离，丝杆的维护保养</td><td rowspan="2"> </td><td>操作要点：将台虎钳活动钳身旋出，使之与固定钳身分离。清洁内部杂物，并在丝杆上加注润滑油</td></tr>
<tr><td>要求：检查丝杆固定端弹簧、挡圈和开口销是否完好，如有损坏，可在教师指导下修理或更换</td></tr>
</table>

续表

操作步骤	示意图	操作要点与要求
7. 台虎钳固定钳身内丝杆螺母的保养维护		操作要点：将台虎钳活动钳身旋出，与固定钳身分离。清洁内部杂物，并在螺母内加注润滑油 要求：检查并调整丝杆螺母的固定螺钉，使其能刚好将丝杆螺母压住，但又不至于太紧，丝杆螺母仍可作左右小幅回转为止
8. 台虎钳装配并作转动练习		操作要点：将固定钳身装到转座上，并旋紧两侧的夹紧螺钉，将活动钳身推入固定钳身内。注意使丝杆对准丝杆螺母，然后旋动手柄使活动钳身与固定钳身合拢 要求：安装后，旋入、旋出活动钳身要灵活，无异响和阻滞现象。两侧夹紧螺钉松开时台虎钳能回转自如，夹紧时则能完全固定
9. 小型工件夹紧练习		操作要点：将小型六面体工件装夹在台虎钳上并夹紧 要求：装夹牢固、平正，工件能露出 15 ~ 20 mm。夹紧过程中严禁用接长杆扳手柄或用榔头敲击手柄的方法来夹紧工件，防止台虎钳超负荷而损坏
10. 长形工件夹紧练习	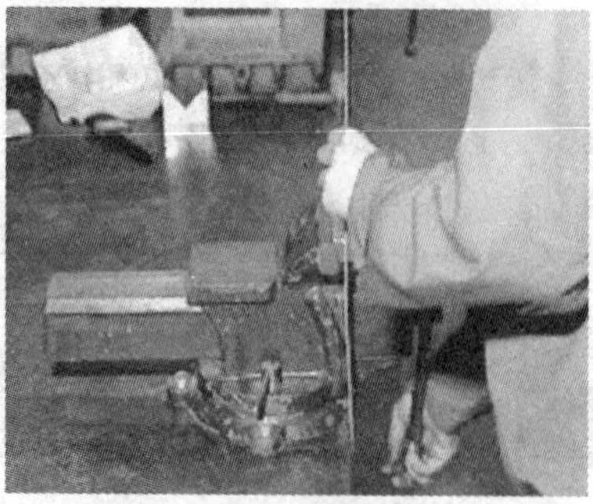	操作要点：将长条铁板或圆棒垂直夹持在台虎钳上 要求：台虎钳摆正，工件下端能伸出钳工工作台边沿

二、练习记录及成绩评定

拆装台虎钳成绩评定见表1—3。

表1—3　　　　拆装台虎钳成绩评定表

序号	项目与技术要求	配分	检测方法	得分
1	拆台虎钳（拆卸顺序正确，排列有序）	30	目测	
2	清理台虎钳部件（各部件擦拭干净，丝杆、丝杆螺母涂润滑油，其他螺钉涂防锈油后安装）	20	目测	
3	装台虎钳（安装后使用要灵活）	30	试验	
4	遵守工作场地规章制度和安全文明要求（有关规章制度要牢记在心）	20	笔试、问答及观察	

操作提示

1. 学生将台虎钳活动钳身旋出，与固定钳身分离时，预先要用左手托住活动钳身，防止活动钳身突然分离而砸伤脚。

2. 学生必须服从教师指挥，严格按照操作步骤进行。

课后思考

1. 简述回转式台虎钳的结构和工作原理。

2. 常用台虎钳的种类和规格有哪些？

项 目 二

划 线

任务1　划线工具的使用

学习目标

1. 了解划线的概念和作用。
2. 熟悉常用的划线工具及使用方法。
3. 看懂图样要求，能在薄板料上进行平面划线，划线操作应达到线条清晰、粗细均匀、圆弧连接圆滑，尺寸误差不大于 ±0. 3 mm。

工作任务

根据图样要求，在毛坯或工件上用划线工具划出待加工部位的轮廓线或作为找正、检查依据的辅助线，称为划线。项目一介绍了钳工基本操作技能，其中划线是进行其他操作的基础。

本任务是使用划线工具，对图2—1所示摆角样板进行划线，从而掌握划线的基本技能。

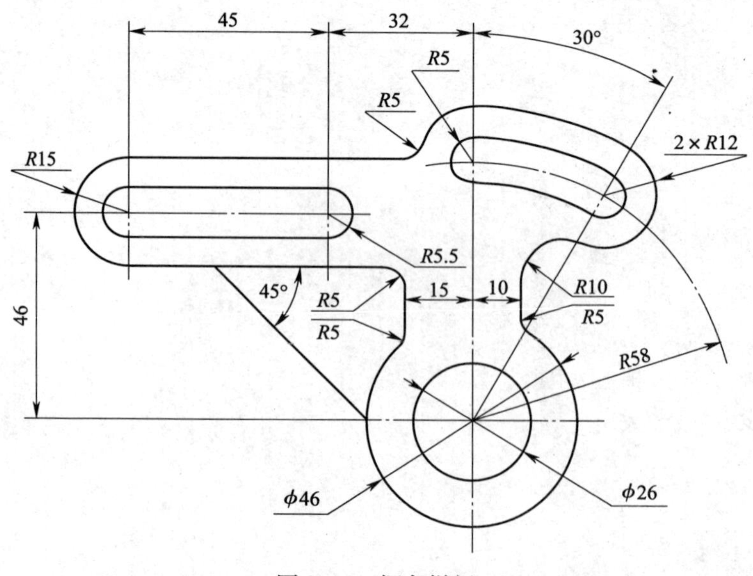

图2—1　摆角样板

相关理论

一、划线的分类

1．平面划线

平面划线是指在工件的两维坐标系内进行的划线，如在板料上划线，在盘状工件的端面上划钻孔加工线等，如图 2—2a 所示。

2．立体划线

立体划线是指在工件的三维坐标系内进行的划线，如划出支架、箱体等工件的加工线等，如图 2—2b 所示。

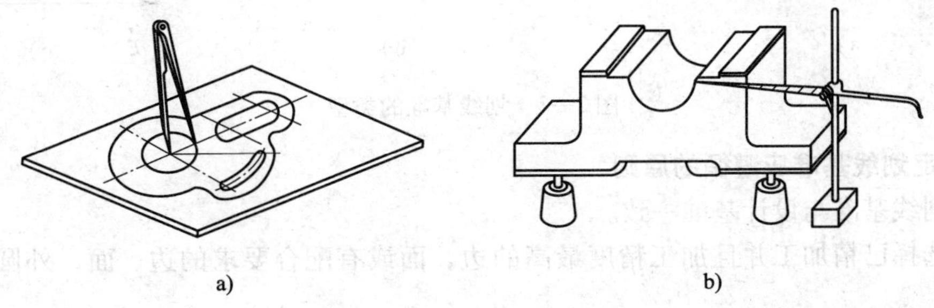

图 2—2　平面和立体划线
a）平面划线　b）立体划线

二、划线的作用

1．明确尺寸界线，确定工件的加工余量。

2．便于复杂的工件在机床上装夹找正。

3．能及时发现和处理不合格的毛坯。

4．采用借料划线可以补救误差不大的毛坯。

划线是机械加工的重要工序之一，广泛应用于单件和小批量生产。划线除要求划出的线条清晰均匀外，最重要的是保证尺寸准确。在立体划线中，还应注意使长、宽、高三个方向的线条互相垂直。一般划线精度能达到 0.25～0.5 mm。

三、平面划线时的基准

1．基准的含义

基准是用来确定加工对象上几何要素的几何关系所依据的那些点、线、面。平面划线时，一般只要确定好两根相互垂直的基准线，就能把平面上所有点、线、面的相互关系确定下来。在设计图样上所采用的基准称为设计基准。划线时，也要选择工件上的几个点、线或面作为依据，用它来确定工件上其他点、线、面的尺寸和位置，这样的基准称为划线基准。

2．划线基准的类型

根据工件形状的不同，基准有以下三种形式：

（1）以两个相互垂直的平面（或线）为基准，如图 2—3a 所示基准 A、B。

（2）以两条中心线为基准，如图 2—3b 所示基准 C、D。

（3）以一个平面和一条中心线为基准，如图 2—3c 所示基准 E、F。

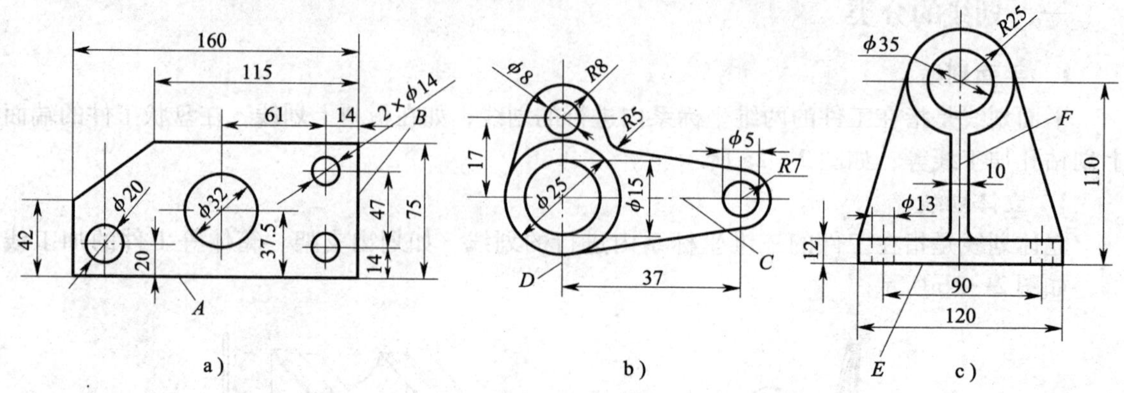

图 2—3　划线基准的类型

3. 确定划线基准应遵循的原则

（1）划线基准与设计基准一致。

（2）选择已精加工并且加工精度最高的边、面或有配合要求的边、面、外圆、孔槽和凸台的对称线。

（3）选择较长的边、相对两边的对称线、较大的面或相对两面的对称线。

（4）便于支撑的边、面或外圆。

（5）较大外圆的中心线。

（6）在薄板材料上选择划线基准时，要考虑节约用料以及工艺文件上材料轧制方向的具体要求，便于剪裁。

四、机械制图中基本划线方法介绍

机械制图中基本划线方法见表 2—1。

表 2—1　　**机械制图中基本划线方法**

划线要求	图示	划线方法
将线段 AB 五等分（或若干等分）		①由 A 点作一射线并与已知线段 AB 成某一角度 ②从 A 点在射线上任意截取五等分点 a、b、c、d、C ③连接 BC，并过 a、b、c、d 分别作线段 BC 的平行线，在 AB 线上的交点即为 AB 线段的五等分点
作与线段 AB 距离为 R 的平行线		①在已知线段上任取两点 a、b ②分别以 a、b 为圆心，R 为半径，在同侧作圆弧 ③作两圆弧的公切线，即为所求的平行线

划线要求	图示	划线方法
过线外一点 P，作线段 AB 的平行线	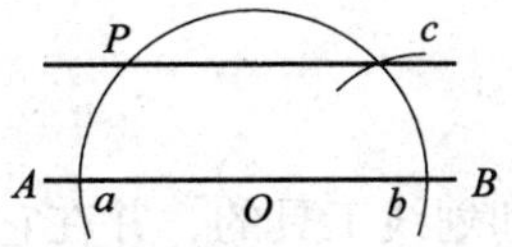	①在 AB 线段上取一点 O ②以 O 为圆心，OP 为半径作圆弧，交 AB 于 a、b ③以 b 为圆心，aP 为半径作圆弧，交圆弧 ab 于 c ④连接 Pc，即为所求平行线
过已知线段 AB 的端点 B 作垂直线段	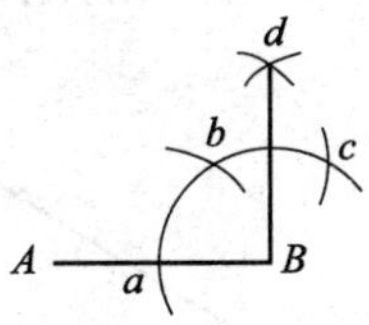	①以 B 为圆心，取 Ba 为半径作圆弧交线段 AB 于 a ②以 Ba 为半径，在圆弧上截取圆弧段 ab 和 bc ③分别以 b、c 为圆心，Ba 为半径作圆弧，交与点 d ④连接 Bd，即为所求垂直线段
作与两相交直线相切的圆弧线	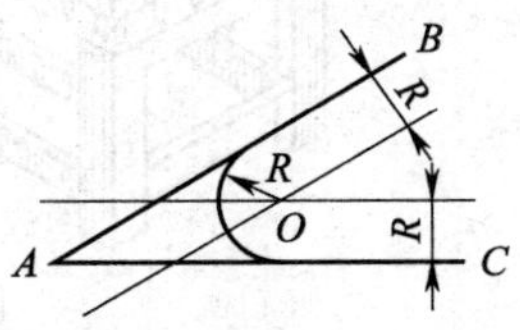	①在两相交直线的角度内，作与两直线相距为 R 的两条平行线，交于点 O ②以 O 为圆心，R 为半径作圆弧
作与两圆弧线外切的圆弧线	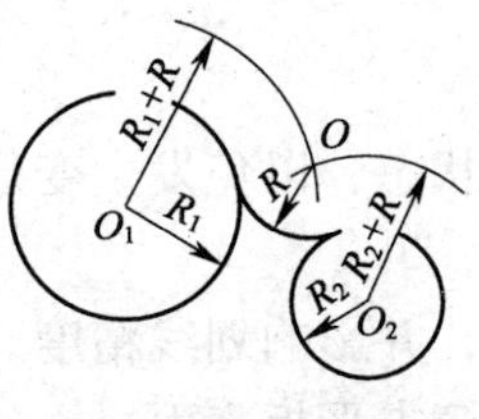	①分别以 O_1 和 O_2 为圆心，以 R_1+R 及 R_2+R 为半径作圆弧交于点 O ②以 O 为圆心，R 为半径作圆弧
作与两圆弧线内切的圆弧线	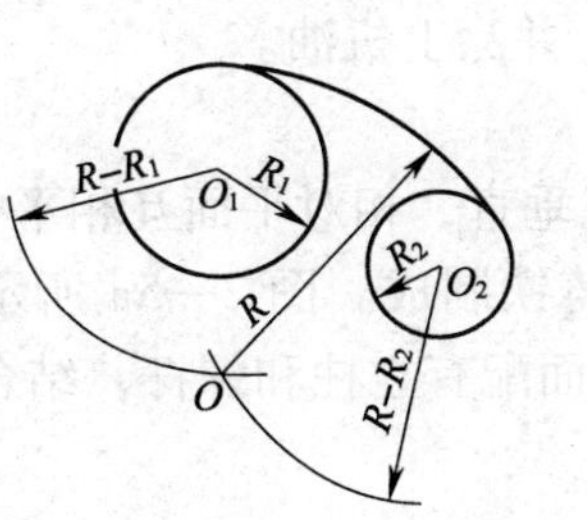	①分别以 O_1 和 O_2 为圆心，以 $R-R_1$ 及 $R-R_2$ 为半径作圆弧交于点 O ②以 O 为圆心，R 为半径作圆弧
作与两相向圆弧相切的圆弧线	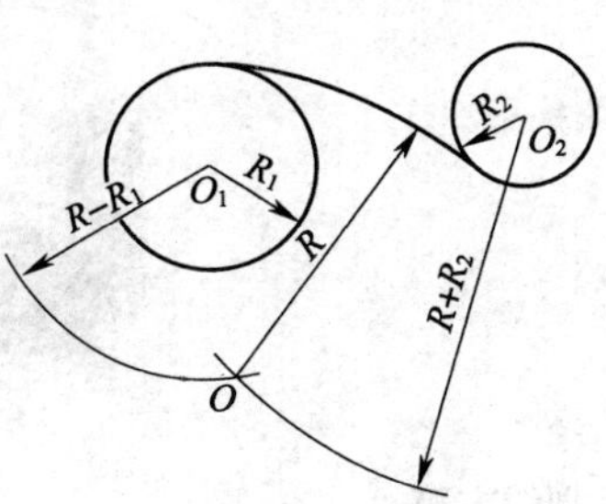	①分别以 O_1 和 O_2 为圆心，以 $R-R_1$ 及 $R+R_2$ 为半径作圆弧交于点 O ②以 O 为圆心，R 为半径作圆弧

五、划线工具的种类及使用方法

在划线工作中，为了保证划线既准确又迅速，必须首先熟悉各种划线工具，并能正确使用它们。

1. 划线平板

划线平板通常用铸铁制成，是用来安放工件和划线工具的，并在它的上面进行划线工作。

划线平板可根据需要做成不同的尺寸。如图2—4a所示划线平板适用于一般尺寸工件划线使用，对于较大尺寸工件划线时，可使用如图2—4b所示的划线平板。将划线平板放正后，操作者即能在平板四周的任何位置进行划线。

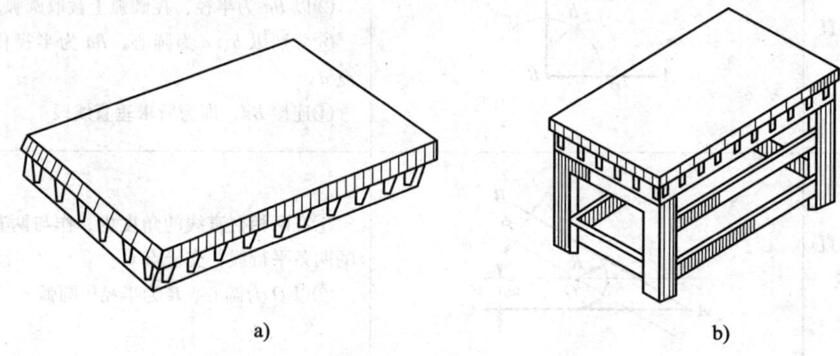

a) b)

图2—4 划线平板

划线平板使用和保养规则：

（1）划线平板放置时要使其上平面保持水平状态，以免发生变形。

（2）定期按有关规定检查、调整、研修。

（3）随时保持表面清洁，以免刮伤平板表面，并影响划线精度。

（4）工件和工具在平板上要轻放，防止重物撞击平板表面。

（5）使用结束后应将平板表面擦拭干净，并涂上机油。

2. 划线方箱

划线方箱多呈空心矩形体，相邻平面相互垂直，相对平面互相平行，便于在工件上将垂直线、平行线、水平线划出来。划线方箱用铸铁制成。图2—5a所示为长形普通方箱，图2—5b所示为带夹持装置方箱，在划线方槽上面配有立柱和螺杆，结合纵横两条V形槽用于夹持轴类或其他形状的工件。

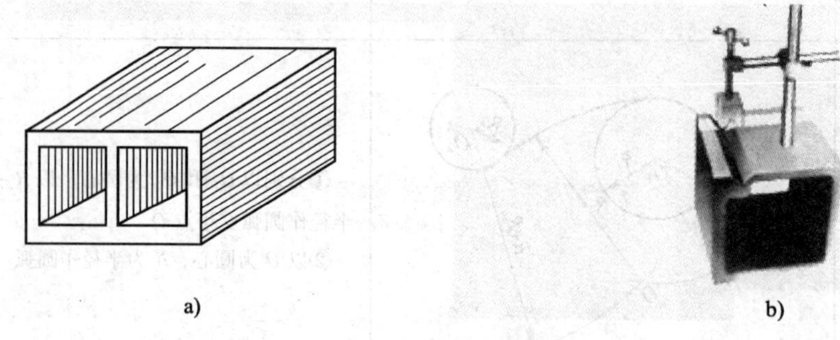

a) b)

图2—5 划线方箱

a）长形普通方箱 b）带夹持装置方箱

3. V 形架

V 形架主要用来支撑有圆柱表面的工件，常用铸铁或碳钢制成，相邻各面互相垂直，V 形槽一般呈 90°或 120°。在安放较长的圆柱工件时，需要两个等高的 V 形架，这样才能使工件安放平稳，保证划线的准确性，如图 2—6 所示。

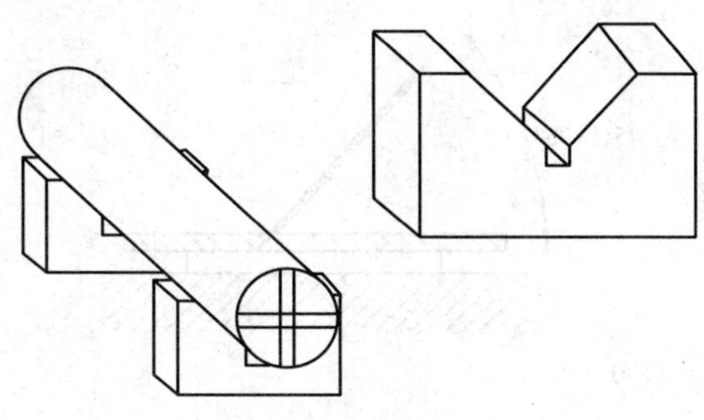

图 2—6 V 形架

4. 钢直尺

钢直尺是一种简单的尺寸量具，在尺面上刻有尺寸刻线，最小刻线间距为 0.5 mm，它的长度规格有 150 mm、300 mm、1 000 mm 等多种。可以用来量取尺寸，也可作为划直线时起导向作用的导向工具，如图 2—7 所示。

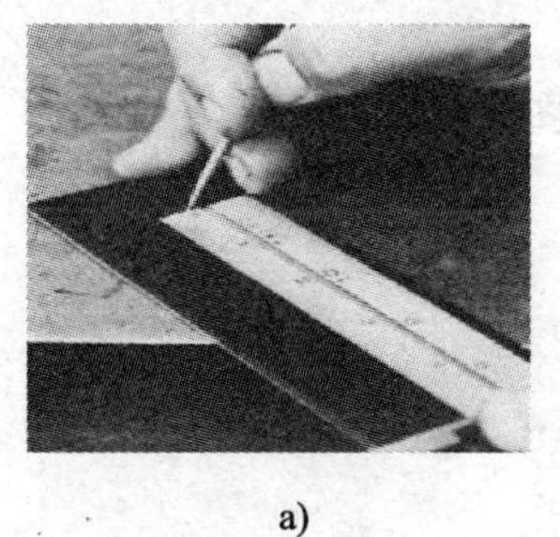

a)

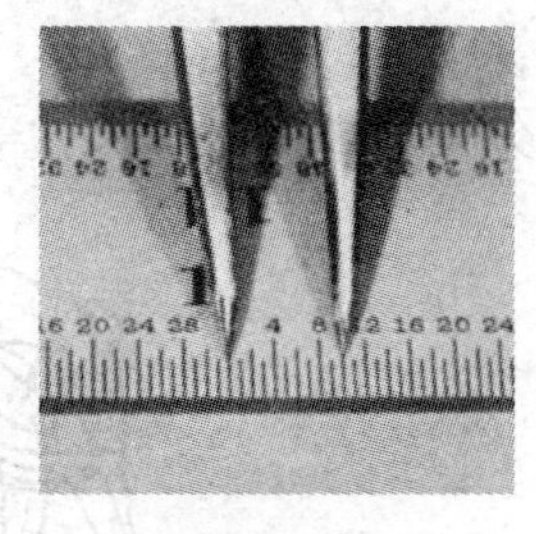

b)

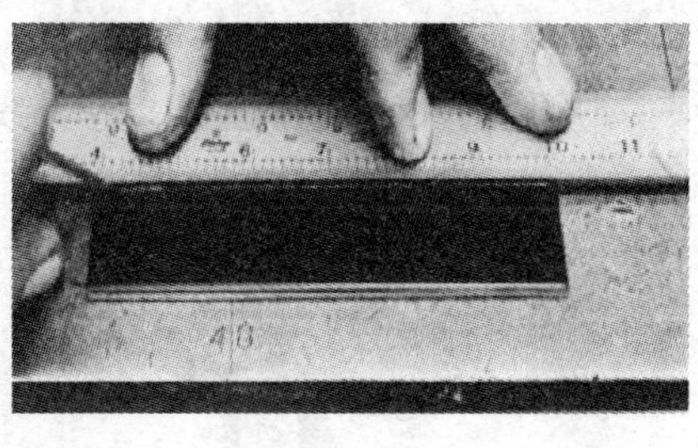

c)

图 2—7 钢直尺的使用

a）量取尺寸 b）测量工件 c）划直线

5. 划针

划针用来在工件上划线条，用弹簧钢或高速钢制成，直径一般为 3 ~ 5 mm，尖端磨成 15° ~ 20°的尖角，并经热处理使之硬化，如图 2—8 所示。

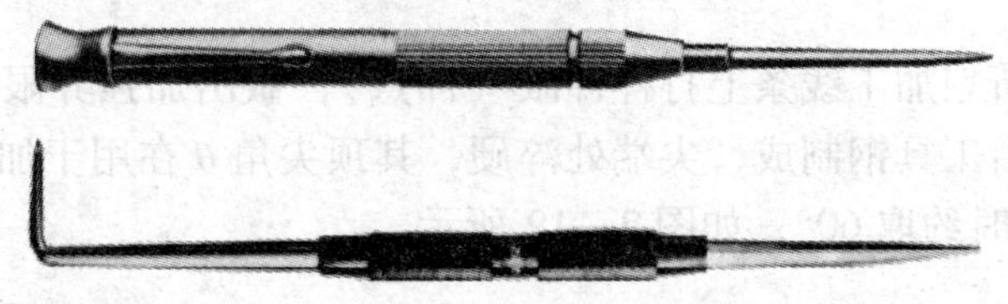

图 2—8 划针

使用注意要点：在用钢直尺和划针连接过两点的直线时，应先用划针和钢直尺定好其中一点的划线位置，然后调整钢直尺与另一点的划线位置对准，再划出两点的连接直线；划线的时候，针尖要紧靠在导向工具的边缘，上部向外侧倾斜 15°～20°，向划线移动方向倾斜 45°～75°，如图 2—9 所示；针尖要保持尖锐，要尽量一次划成，使划出的线条清晰准确；不用时，划针不能插在衣袋中，最好套上塑料管不使针尖外露。

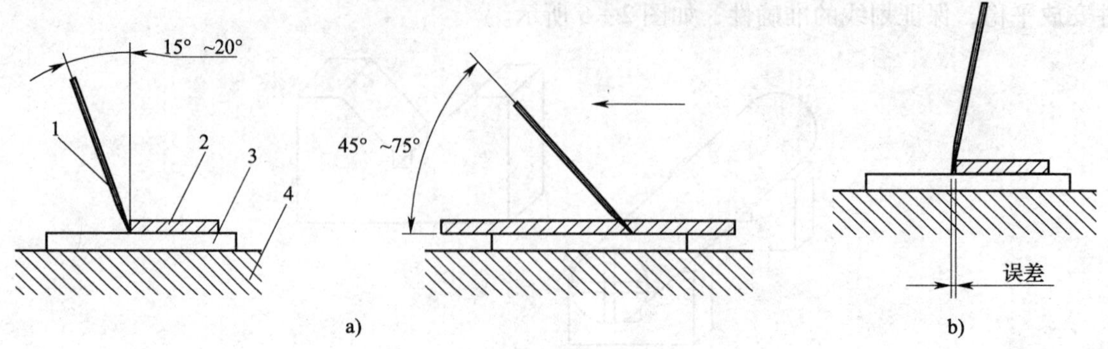

图 2—9 划针的用法

a）正确 b）错误

1—划针 2—划线样板 3—工件 4—划线平板

6. 高度划线尺

高度划线尺附有划针脚，能直接划出高度尺寸，其读数精度一般为 0.02 mm，可作为精密划线工具，如图 2—10 所示。

7. 划规

规划用来划圆和圆弧、等分线段、等分角度以及量取尺寸等，如图 2—11 所示。

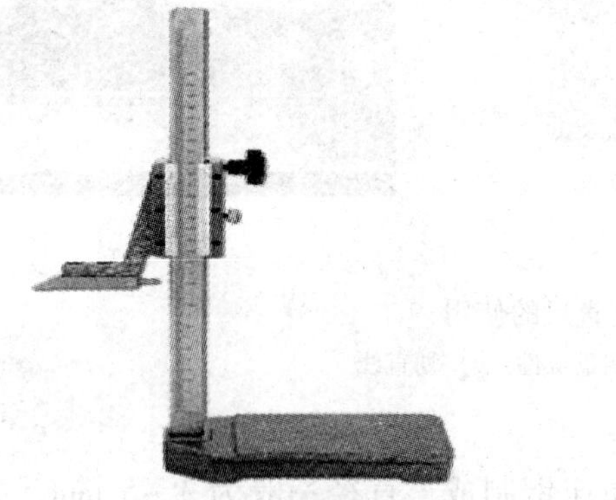

图 2—10 高度划线尺

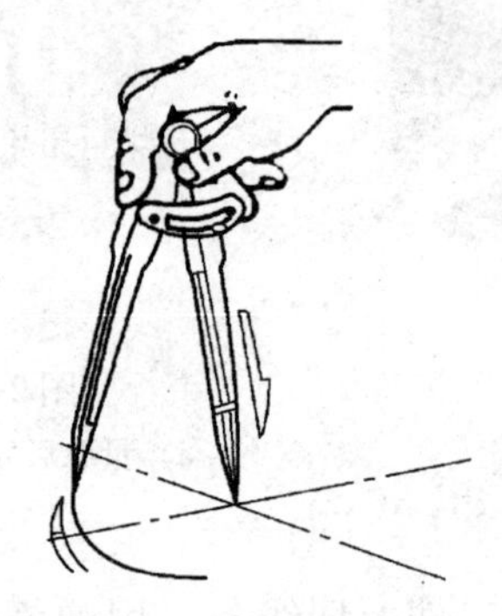

图 2—11 划规划圆弧操作

8. 样冲

样冲用于在工件所划加工线条上打样冲眼（冲点），做出加强界限标志和划圆弧或钻孔时的定位中心。一般由工具钢制成，尖端处淬硬，其顶尖角 θ 在用于加强界限标记时大约为 40°，用于钻孔定中心时约取 60°，如图 2—12 所示。

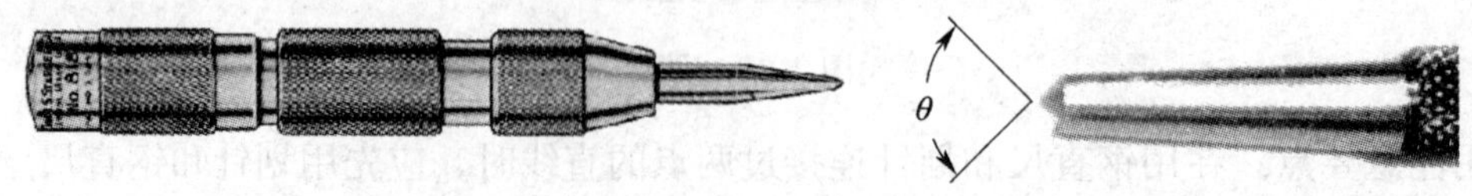

图 2—12 样冲

冲点方法：先将样冲外倾使尖端对准线的正中，如图 2—13a 所示，然后再将样冲立直冲点，如图 2—13b 所示。

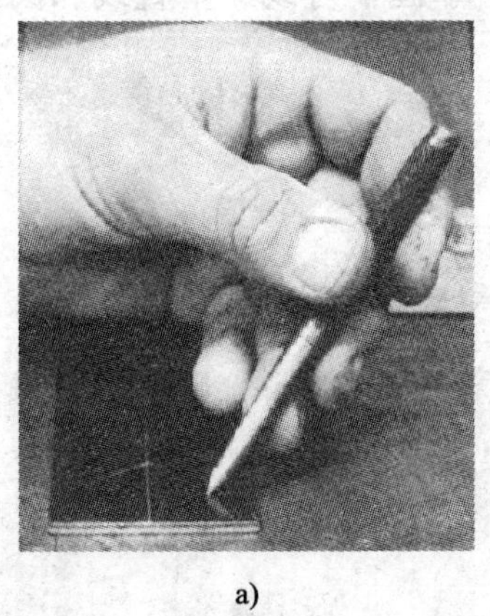

a)

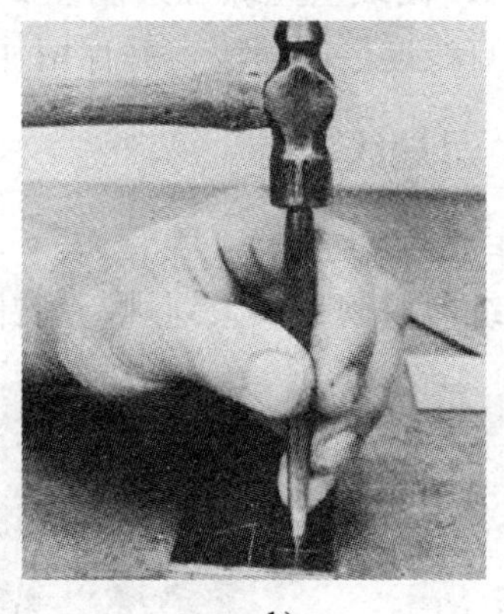

b)

图 2—13　样冲的使用方法

冲点要求：位置准确，冲点不可偏离线条，如图 2—14 所示；在曲线上冲点距离要小些，在直线上冲点距离可大些，但短直线至少有三个冲点；在线条的交叉转折处必须冲点；冲点的深浅要掌握适当，在薄壁或光滑表面上冲点要浅，在粗糙表面上冲点要深些。

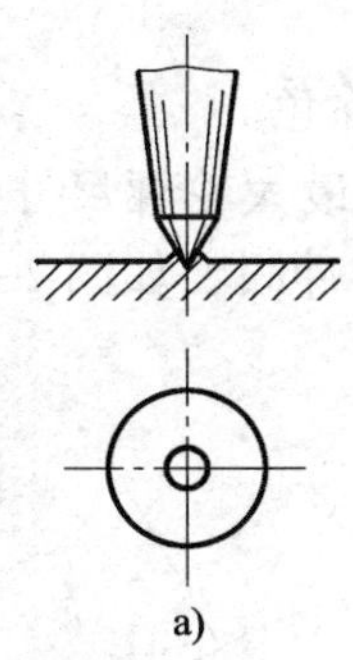

a)

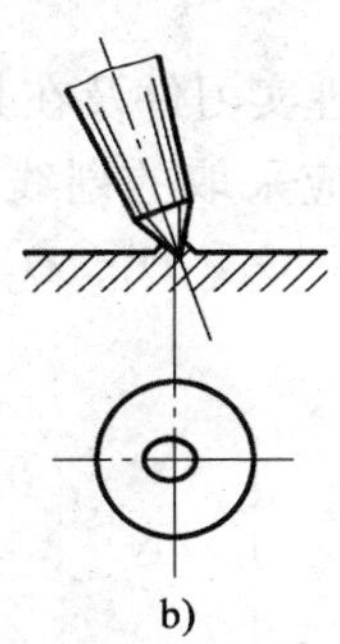

b)

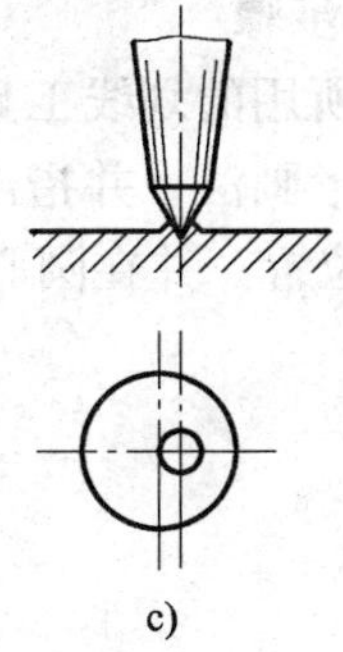

c)

图 2—14　样冲的冲点要求

a）正确　b）不垂直　c）偏心

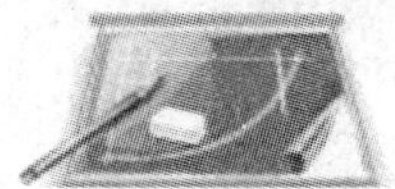

任务实施

为了顺利完成本任务训练，实施时可以先复习一下机械制图中的基本划线方法。要求学生利用绘图工具在 A4 图纸上先练习图形绘制，掌握平行线、垂直线和圆弧与圆弧连接、圆弧与直线连接的画法。等学生熟练掌握该图形的绘制方法以后，再要求学生利用划线工具在 200 mm × 150 mm × 2 mm 的薄钢板上划出本图。

一、在图纸上绘制平面图形

1. 操作准备

准备好练习用 A4 图纸、直尺、三角板、圆规、铅笔、橡皮，如图 2—15 所示。

2．绘图练习

学生在 A4 图纸上先练习绘制图 2—1 所示图形，掌握平行线、垂直线和圆弧与圆弧连接、圆弧与直线连接的画法，并保留作图痕迹。

二、平面划线

1．操作准备

准备好练习用钢直尺、划规、划针、样冲、榔头等，如图 2—16 所示。

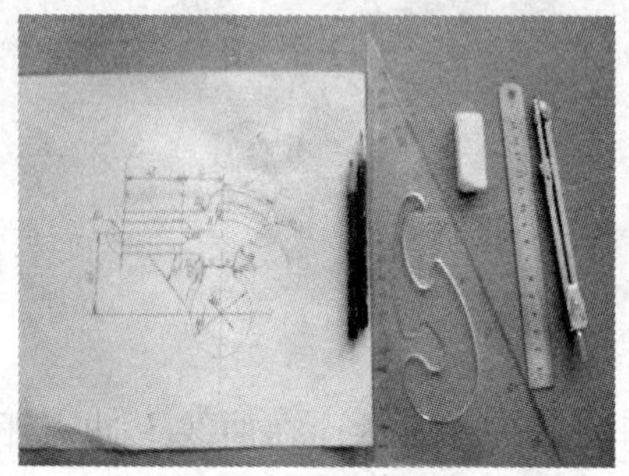

图 2—15　平面图形绘图操作准备

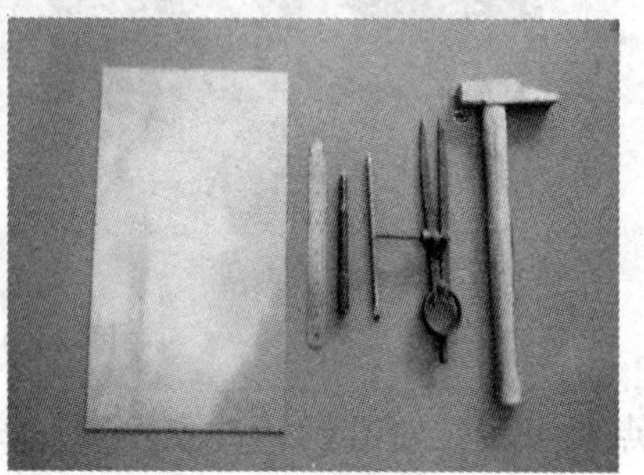

图 2—16　平面划线操作准备

2．平面划线步骤

（1）准备好所用的划线工具，并清理实习件及在其表面涂色。

（2）熟悉图形画法，并指出该图形应采取的划线基准及最大轮廓尺寸，安排基准线在实习件上的合理位置。并在圆心 O_1、O_2、O_3、O_4、O_5 处打样冲眼，如图 2—17 所示。

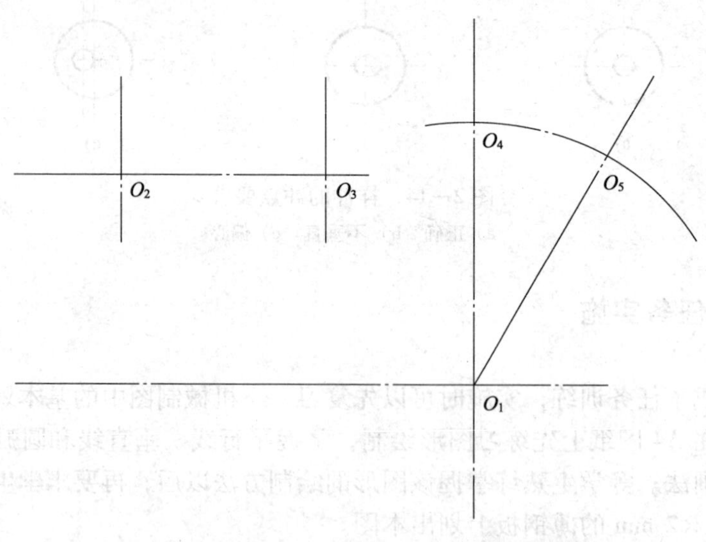

图 2—17　摆角样板基准线及相关圆弧的圆心

（3）以 O_1 为圆心，分别以 $R13$ mm 和 $R23$ mm 为半径划出两个同心圆；以 O_2 为圆心划出 $R5.5$ mm、$R15$ mm 的两个半圆；以 O_3 为圆心划出一个 $R5.5$ mm 的半圆；以 O_4、O_5 为圆心划出 $R5$ mm、$R12$ mm 的两个半圆；以 O_1 为圆心，分别以 $R53$ mm、$R63$ mm、$R70$ mm 为

半径划出三段相切圆弧；再作两条与中心线 O_1O_4 相距 15 mm 和 10 mm 的平行线，如图 2—18 所示。

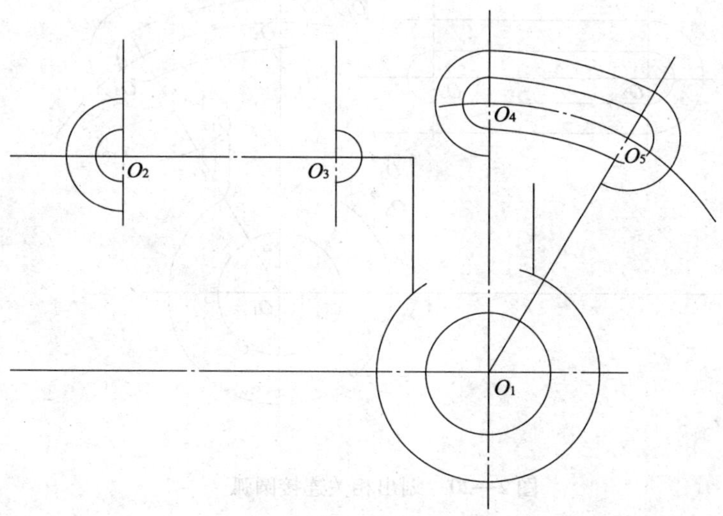

图 2—18　划出摆角样板的已知圆弧与直线

（4）根据摆角样板中直线与圆弧、圆弧与圆弧的连接形式，划出 O_6、O_7、O_8、O_9、O_{10} 五个相切圆弧的圆心，并打样冲眼，如图 2—19 所示。

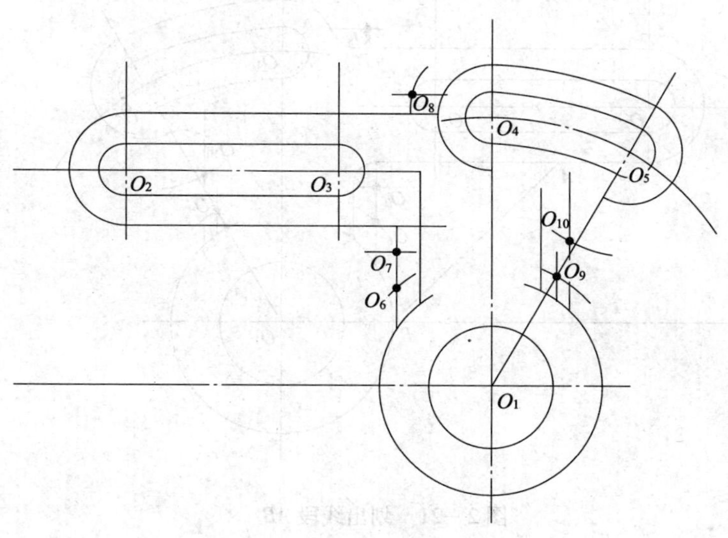

图 2—19　相切圆心的确定

（5）以 O_6、O_7、O_8、O_9 为圆心、$R5$ mm 为半径划出四段相切圆弧；以 O_{10} 为圆心、$R10$ mm 为半径划出一段相切圆弧，如图 2—20 所示。

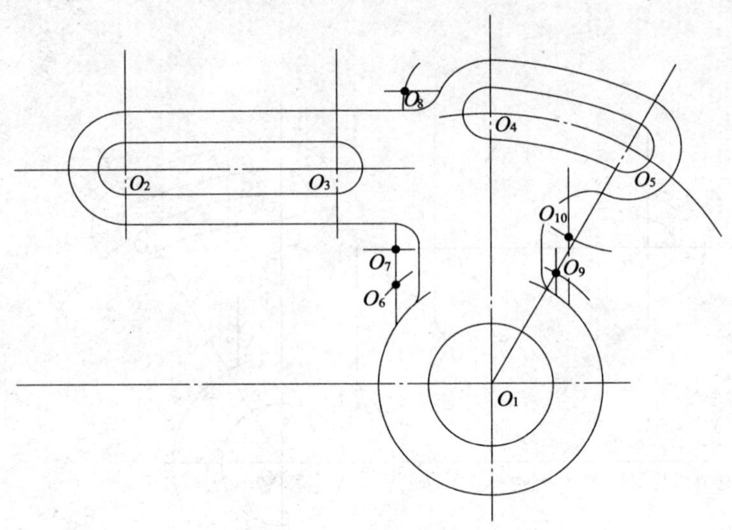

图 2—20　划出相关连接圆弧

（6）根据图样要求划出 *A*、*B* 两点，然后用钢直尺和划针连接线段 *AB*，如图 2—21 所示。

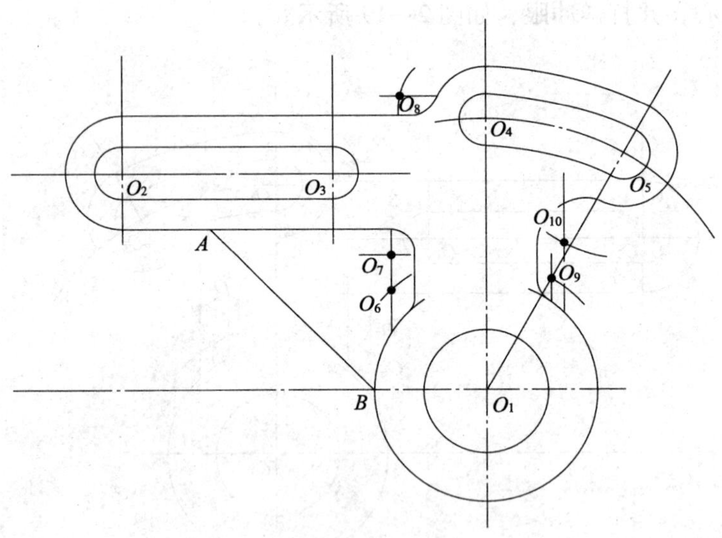

图 2—21　划出线段 *AB*

（7）检查划线尺寸是否正确。

三、练习记录及成绩评定

摆角样板划线训练成绩评定见表 2—2。

表 2—2　　　　　　　　　　　摆角样板划线训练成绩评定表

序号	项目与技术要求	配分	检测结果		得分
			学生自测	教师检测	
1	图形及其排列位置正确	15			
2	线条清晰无重线	15			
3	尺寸及线条位置正确	15			
4	各圆弧连接圆滑	15			
5	冲点位置正确	15			
6	检验样冲眼位置分布合理	15			
7	使用工具、操作姿势正确	10			
8	安全文明生产	酌扣			

操作提示

1. 学生在 A4 图纸上画图时，要布局合理。
2. 学生画图首先要正确选择划线基准，尽量使划线基准与设计基准重合。
3. 学生画图时，要保留作图痕迹，且线条粗细一致。
4. 画图时，圆弧与直线、圆弧与圆弧连接要光滑，接头处没有多余线条。
5. 划线过程中，零件的摆放要可靠。
6. 划线工具不要置于划线平台边缘，以免工具碰落伤脚。
7. 划线工具应正确使用，用后要放到指定位置，不能随意乱丢。

课后思考

1. 何谓划线？简述划线的种类以及划线的作用。
2. 何谓基准、设计基准、划线基准？
3. 简述划针的使用方法。划针在使用过程中应注意哪些要点？
4. 打样冲眼的作用是什么？简述打样冲眼的方法以及注意事项。

任务 2　圆钢棒料划线

学习目标

1. 了解划线时找正和借料的含义和目的。
2. 看懂图样要求，正确选择划线基准。

3. 正确使用划线工具，完成简单工件的划线。

工作任务

图 2—22 圆钢棒料划线

上一个任务中，在 200 mm × 150 mm × 2 mm 的薄钢板上进行了摆角样板的划线训练，体验了同一视图在图纸上绘制与在薄钢板上划线的不同。本任务是利用划线工具在图 2—22 所示的圆钢棒料上进行立体划线，初步认识划线时找正和借料的方法，掌握利用 V 形架在圆棒上划出长方体的方法。

可以先在课堂上给学生讲解划线时找正和借料的有关理论知识；然后带领学生进入实习场地，通过现场示范、讲解、指导，让学生掌握本任务的操作技能。

相关理论

一、找正的含义及目的

1. 找正的含义

所谓找正，就是利用划线工具使工件上有关毛坯表面处于合适的位置，如图 2—23 所示。

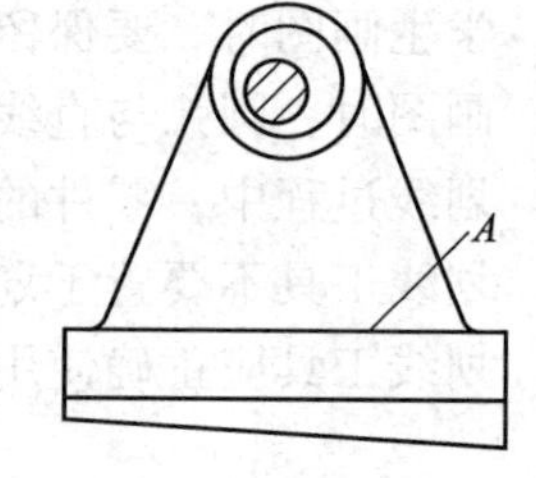

图 2—23 毛坯工件的找正

2. 找正的目的

（1）使待加工表面与不加工表面之间的尺寸均匀。

（2）使待加工表面的加工余量得到合理和较均匀的分布。

二、借料的含义

所谓借料，就是通过试划和调整，合理分配各个加工面的加工余量，互相借用，从而保证各个加工表面都有足够的加工余量，而误差和缺陷可在加工后排除。

如图 2—24 所示是内孔、外圆偏心量较大的锻件毛坯。当不顾及毛坯孔而先划外圆再划内孔时，内孔加工余量不足，如图 2—24a 所示。如果不考虑外圆先划内孔，则划外圆时加工余量仍然不足，如图 2—24b 所示。只有同时考虑内孔、外圆，采用借料的方法才能保证内孔、外圆均有足够的加工余量，如图 2—24c 所示，这种划线方法称为借料。

当毛坯上的误差、缺陷用找正后的划线方法不能补救时，就要采用借料的方法来解决，使各个表面的加工余量合理分配，互相借用，从而保证各个加工表面都有足够的加工余量，而误差和缺陷可在加工后排除。

例 现有一毛坯零件，其形状误差如图 2—25 所示，要求其内、外圆都要加工，内孔加工后的尺寸为 $\phi32$ mm，外圆为 $\phi62$ mm，试确定其借料的大小和方向。

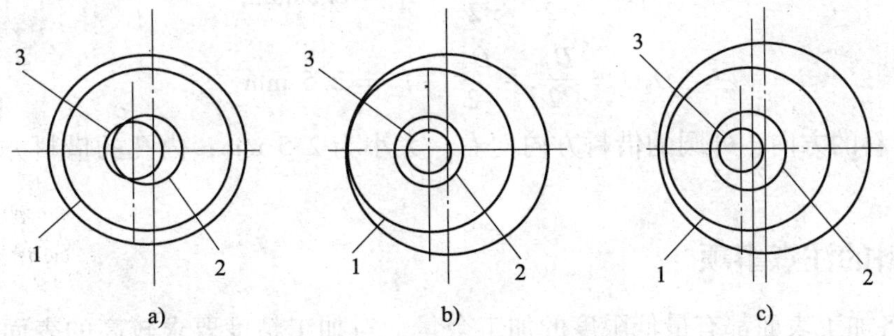

图 2—24　圆环的借料划线

a）以外圆找正　b）以内孔找正　c）借料划线

1—外圆　2—内孔　3—毛坯孔

解：①根据图样的加工要求，确定借料的中心为 O_1O_2 中心距之间的任意一点 O，并作出假设的借料图，如图 2—26 所示。

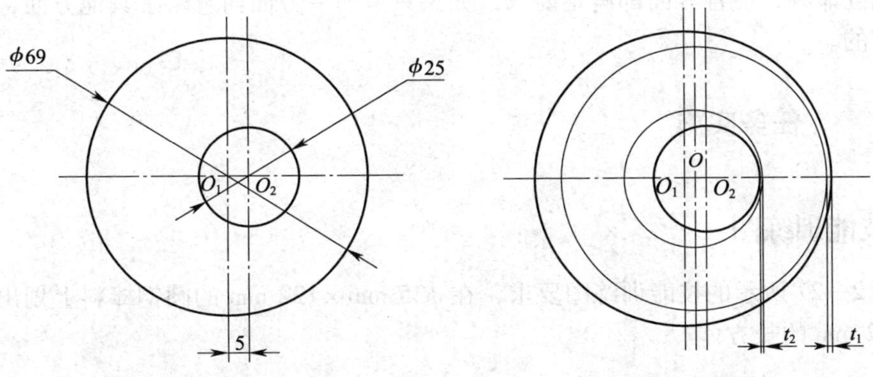

图 2—25　借料零件实例　　　　图 2—26　借料图

②设 O_1 为毛坯外圆中心线，O_2 为毛坯内孔中心线，O 为借料中心线；t_1 为毛坯外圆最小加工余量，t_2 为内孔最小加工余量。

③假设毛坯外圆和毛坯内孔在加工时 $t_1 = t_2$，

则：

$$t_1 + t_2 = \left(\frac{d_{毛}}{2} - O_1O_2 - \frac{D_{毛}}{2}\right) - \left(\frac{d_{加}}{2} - \frac{D_{加}}{2}\right) = 2\ \text{mm}$$

式中　$d_{毛}$——毛坯外圆直径，mm；

$D_{毛}$——毛坯内孔直径，mm；

$d_{加}$——外圆加工直径，mm；

$D_{加}$——内孔加工直径，mm。

因为 $t_1 = t_2$

所以 $t_1 = t_2 = \dfrac{t_1 + t_2}{2} = 1\ \text{mm}$

④根据 t_1、t_2 的大小，求出 O_1O 和 O_2O 的大小：

$$O_1O = \frac{d_{毛}}{2} - \frac{d_{加}}{2} - t_1 = 2.5\ \text{mm}$$

$$O_2O = \frac{D_{加}}{2} - \frac{D_{毛}}{2} - t_2 = 2.5\ \text{mm}$$

⑤确定借料的方向：外圆的借料方向向右，大小为 2.5 mm；内孔的借料方向向左，大小为 2.5 mm。

三、借料的注意事项

1. 保证各加工表面都有最低限度的加工余量，对加工精度要求较高的表面，应保证其有足够的加工余量。

2. 应考虑到加工表面与非加工表面之间的相对位置。对一些运动零件要保证它的运动极限位置与非加工表面之间的最小间隙。

3. 尽可能保证加工后工件外观匀称美观。

应该指出，在加工过程中，划线时的找正和借料这两项工作是密切结合进行的，找正和借料必须相互兼顾，使各方面都满足要求，如果只考虑一方面而忽略了其他方面，是不能做好划线工作的。

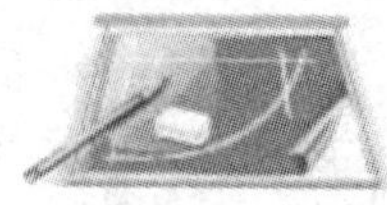

任务实施

一、技能训练图

根据图 2—27 所示的技能训练图要求，在 ϕ35 mm × 122 mm 的圆钢棒料上划出 24 mm × 24 mm × 122 mm 的长方体。

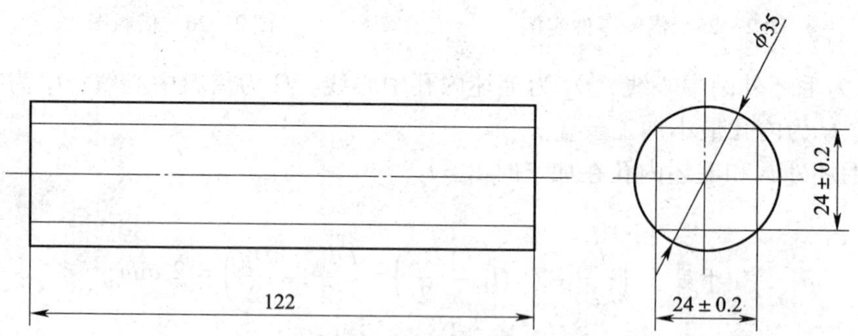

图 2—27　长方体划线技能训练图

二、操作准备

1. 工具和量具：钢直尺、划规、榔头、划针、样冲、刀口直角尺、V 形架、高度划线尺、划线平板等，如图 2—28 所示。

2. 辅助工具：铜锤、白粉笔等。

3. 材料：ϕ35 mm × 122 mm 的圆钢棒料每人一件。

三、操作要点和步骤

1．如图 2—29 所示，用白粉笔在工件毛坯表面涂色，涂色的目的在于使划线清楚。

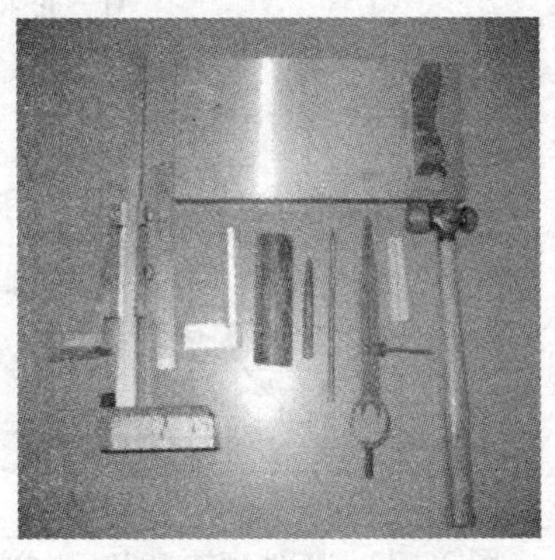

图 2—28　长方体划线技能准备图

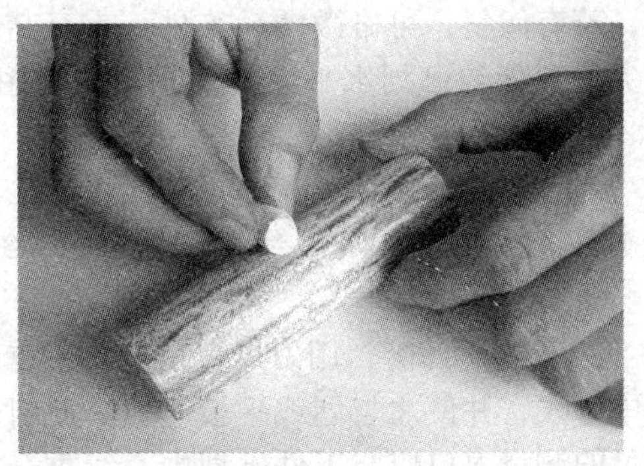

图 2—29　粉笔涂色

2．如图 2—30 所示，在划线平板上将工件放到 V 形架上，用高度划线尺测出工件外圆最高点至平板的实际尺寸数值 M。

3．如图 2—31 所示，把高度划线尺调至 $H = M - D/2$，用高度划线尺划出圆钢的中心线。

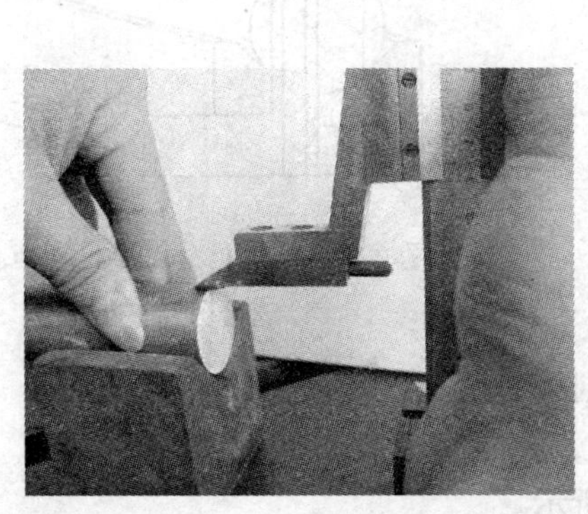

图 2—30　用高度划线尺测出工件外圆最高点尺寸

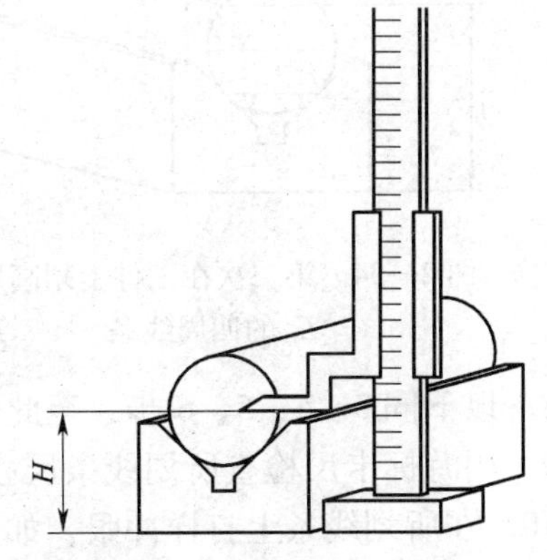

图 2—31　划中心线

4．如图 2—32 所示，调整高度划线尺，升至高度 L_1：

$$L_1 = H + 12\ \text{mm}$$

左手按住圆钢上母线，使圆钢在 V 形架中不发生转动，用高度划线尺在工件两端面及外圆上划出四周线条。

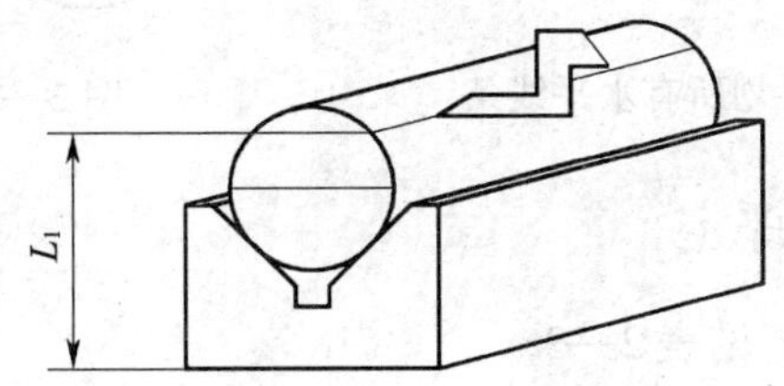

图 2—32　在工件上划高度为 L_1 的四周线条

5. 将工件翻转 180°，再次将高度划线尺调到工件中心高度 H，用高度划线尺尺尖找正工件水平位置。通过尺尖水平移动来检查工件端面中心线是否水平，若有倾斜，可略微转动工件，直至高度划线尺尺尖位置能与已划水平中心线重合，如图 2—33 所示。

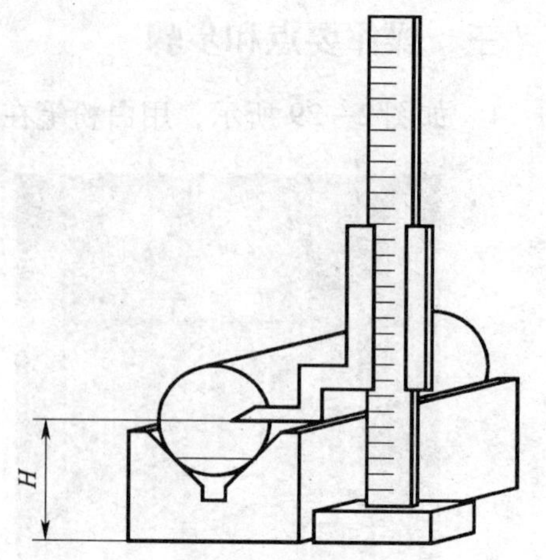

图 2—33 工件翻转 180°后中心线水平位置的找正

6. 调整高度划线尺，升至高度 L_1，第二次在工件上划高度为 L_1 的四周线条，如图 2—34 所示。

7. 将工件转动 90°，用刀口直角尺找正工件已划出的中心线，并使之与划线平板垂直。此时，刀口直角尺的测量刀口应与工件已划中心线重合或平行，若有倾斜，则可略微转动工件作调整，如图 2—35 所示。

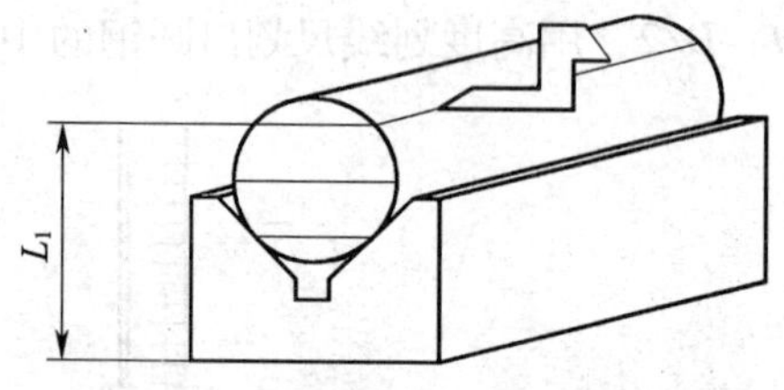

图 2—34 第二次在工件上划高度为 L_1 的四周线条

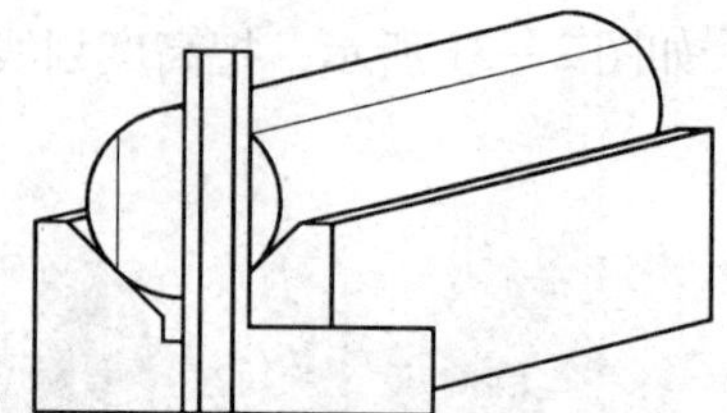

图 2—35 工件转动 90°后中心线垂直位置的找正

8. 以下同 3、4、5、6 步，至此全部线条划线完成，如图 2—36 所示。

9. 用游标卡尺检查所划线条尺寸是否正确，并检查精度是否合格。

10. 在所划线条上打样冲眼，如图 2—37 所示。

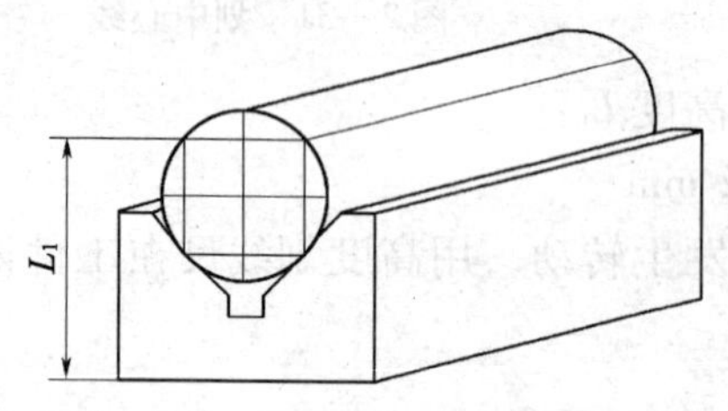

图 2—36 工件找正后再划所有水平线条

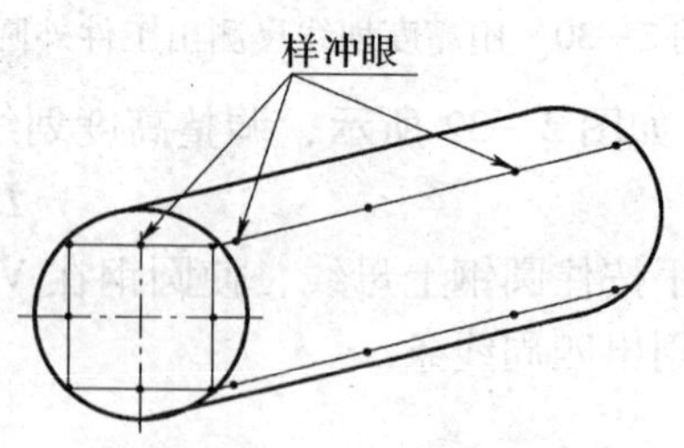

图 2—37 工件打样冲眼

四、练习记录及成绩评定

长方体划线技能成绩评定见表 2—3。

表 2—3　　　　　　　　　　　**长方体划线技能成绩评定表**

序号	项目与技术要求	配分	评分标准	检测方法或工具	得分
1	涂色薄而均匀	10	总体评定，酌情扣分	目测	
2	线条清晰无重线（12 条）	12	线条不清楚或有重线每处扣 1 分	目测	
3	图形正确，呈正四方形（2 处）	12	不正确酌情扣分	钢直尺、刀口直角尺	
4	尺寸（24 ±0.2）mm（4 处）	16	每超差一处扣 4 分	钢直尺	
5	样冲眼偏离线条不大于 0.5 mm（32 处）	16	凡冲偏一处扣 0.5 分	钢直尺	
6	样冲眼分布合理	14	分布不合理每处扣 1 分	目测	
7	使用工具正确，操作姿势正确	10	发现一次不正确扣 2 分	目测	
8	安全文明操作	10	违者每次扣 2 分	—	

操作提示

1．用高度划线尺测量高度时，先松开高度划线尺的锁紧螺母，然后把高度划线尺调至一定高度，使之轻轻地接触圆钢上表面。

2．用测高量爪测量高度时，用量爪下工作面来测量，数值可直接从尺身上读出，如用量爪上工作面测量，则被测尺寸应是从尺上读得的数值加上量爪的厚度尺寸。

3．不要把高度划线尺横着放在盒外面以免弯曲变形。搬移高度划线尺时，应一手托基座，一手扶尺身，不准竖着或横着提尺身。

4．工件和量具在平台上要轻拿轻放，工作表面不能被划伤；注意将划线平板擦干净，最好能涂上少量机油，这样既有利于划线平板上工件或工具的移动，又有利于保护划线平板，防止锈蚀损坏。

5．划线工具应正确使用，用后要放到指定位置，不能随意乱丢。

课后思考

1．什么是找正？根据什么找正？

2．什么是借料？为什么要借料？

3．现有一圆环毛坯，其外圆为 $\phi70$ mm，内孔为 $\phi24$ mm，由于铸造缺陷，使得内、外圆圆心偏移了 4 mm。图样要求其内、外圆都加工，内孔加工后的尺寸为 $\phi32$ mm，外圆为 $\phi63$ mm。试用 1∶1 的比例画图并计算借料方向和大小。

4．划线时的安全措施有哪些？

项目三

锯　削

任务1　锯削姿势训练

学习目标

1. 学会锯条的正确选用和安装。
2. 掌握锯削的操作姿势和动作要领。
3. 了解锯削安全操作的知识。

工作任务

在日常生活中，人们常常会看到木工用手锯锯木头、园林绿化工用电锯修剪树木的例子，钳工用专用手锯来锯断原材料或锯掉工件上的多余部分的操作称为锯削。锯削质量的好坏常常会影响后续锉削粗加工余量的加工用时，甚至造成材料浪费。

本任务是通过在如图3—1所示的毛坯上进行锯削姿势训练，使学生掌握正确的锯削姿势和动作要领，并初步掌握锯削的基本操作技能。

图3—1　锯削姿势练习用料毛坯图

相关理论

锯削是用手锯将工件材料截断，或在工件上锯出沟槽的工艺过程。

一、锯削工具

手锯是由锯弓和锯条两部分组成的。

1. 锯弓

锯弓是用来装夹并张紧锯条的工具，有固定式和可调式两种，如图3—2所示。

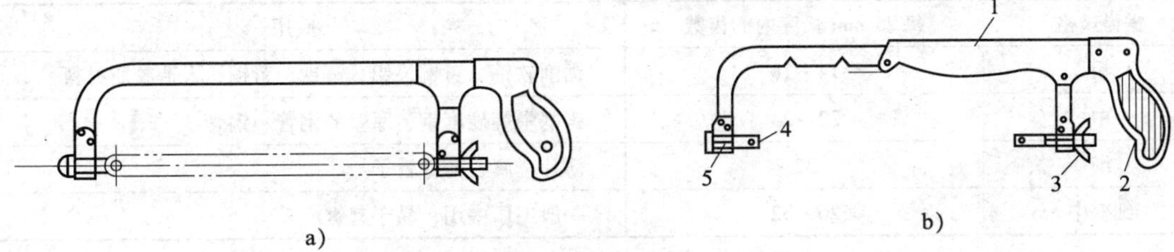

图 3—2　锯弓

a）固定式　b）可调式

1—锯弓　2—手柄　3—翼形螺母　4—夹头　5—方形导管

固定式锯弓只使用一种规格的锯条；可调式锯弓，因弓架是由两段组成的，可使用几种不同规格的锯条。因此，可调式锯弓使用较为方便。可调式锯弓由手柄、方形导管、夹头等组成，夹头上装有挂锯条的销钉，活动夹头上装有拉紧螺钉，并配有翼形螺母，以便拉紧锯条。

2. 锯条

锯条按使用场合不同可分为手用锯条和机用锯条两种。手用锯条一般是 300 mm 长的单向齿锯条。

（1）锯齿的切削角度

如图 3—3 所示，各个齿的作用相当于一排同样形状的錾子，每个齿都参与切削，一般前角 $\gamma_o = 0°$，后角 $\alpha_o = 40°$，楔角 $\beta_o = 50°$。

（2）锯路

为了减小锯缝两侧面对锯条的摩擦阻力，避免锯条被夹住或折断，锯条在制造时，使锯齿按一定规律左右错开，排列成一定形状，称为锯路。锯路有交叉形和波浪形，如图 3—4 所示。锯条有了锯路以后，使工件上的锯缝宽度大于锯条背部的厚度，从而可防止“夹锯”和锯条过热，减少锯条磨损。

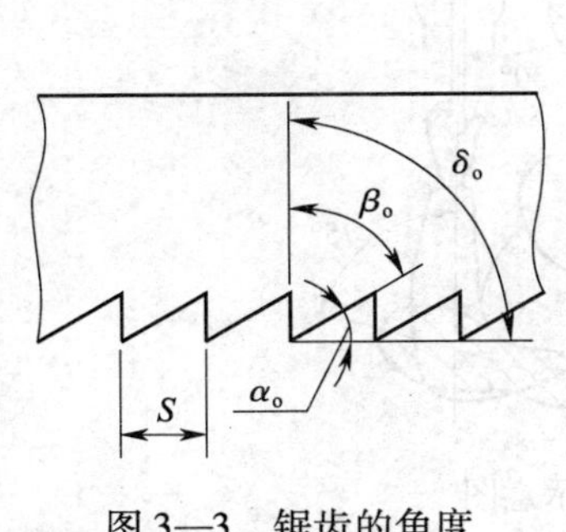

图 3—3　锯齿的角度

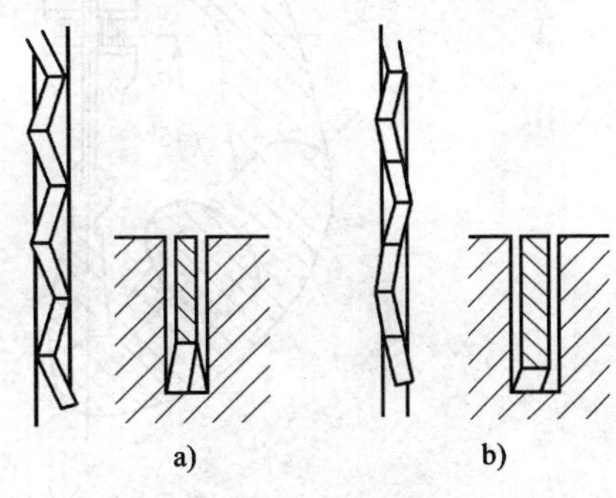

图 3—4　锯路的形式

a）交叉形　b）波浪形

二、锯齿的粗细规格及选用

1. 锯齿的粗细规格

锯齿的粗细是以锯条每 25 mm 长度内的锯齿数来表示的。一般分为粗齿、中齿、细齿三种，见表 3—1。

表 3—1　　锯齿的粗细规格及应用

锯齿规格	每 25 mm 长度内的齿数	应用
粗	14 ~ 18	锯削软钢、黄铜、铝、铸铁、紫铜、人造胶质材料
中	22 ~ 24	锯削中等硬度钢、厚壁的钢管、铜管
细	32	薄片金属、薄壁管子
细变中	20 ~ 32	一般工厂中用，易于起锯

2. 锯齿粗细规格的选用

一般来说，粗齿锯条的容屑槽较大，适用于锯削软材料或较大的切面，因为这种切削加工过程中，每锯一次所产生的切屑较多，只有大容屑槽才不致发生堵塞而影响锯削效率。

锯削硬材料或切面较小的工件应选用细齿锯条，因硬材料不易锯入，每锯一次切屑较少，不易堵塞容屑槽，同时，细齿锯条同时参加切削的齿数较多，每齿担负的锯削量小，锯削阻力小，材料易于切除，推锯省力，锯齿也不易磨损。

锯削管子和薄板时，必须用细齿锯条，否则会因齿距大于板厚，使锯齿被钩住而崩断。因此，锯削工件时，截面上至少要有两个以上的锯齿同时参加锯削，才能避免锯齿被钩住而崩断。

三、锯削方法

1. 锯削的基本姿势

（1）站立姿势

锯削时的站立姿势如图 3—5 所示，摆动要自然。

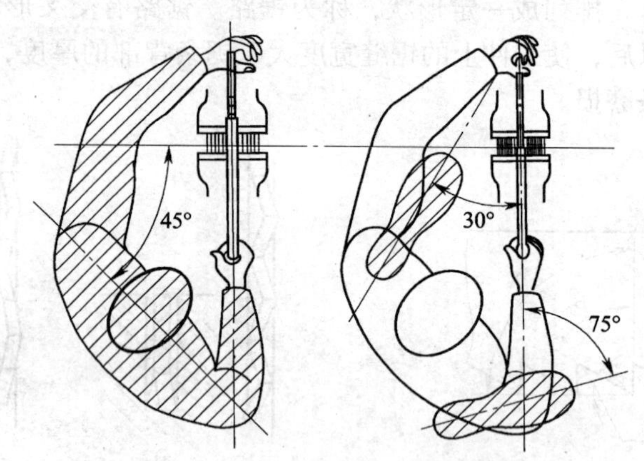

图 3—5　锯削站立和步位示意图

（2）锯弓握法

右手满握锯柄，左手扶在锯弓前端，如图 3—6 所示。

（3）锯削时的压力

锯削时，推力和压力由右手控制，左手主要配合右手扶正锯弓，压力不要过大。手锯推出时为切削行程，应施加压力，返回行程不切削，不加压力作自然拉回。工件将要被切断时要适当减小压力。

图 3—6　锯弓的握法

（4）锯削时的运动和速度

锯削一般采用小幅度的上下摆动式运动，即手锯推进时，身体略向前倾，双手随着压向手锯的同时，左手上翘，右手下压，回程时，右手上抬，左手自然跟回，如图 3—7 所示。对锯缝底面要求平直的锯削，必须采用直线运动。锯削运动的速度一般为 40 次/min 左右，锯削硬材料时慢些，锯削软材料时快些。锯削行程应保持均匀，返回行程的速度应相对快些。

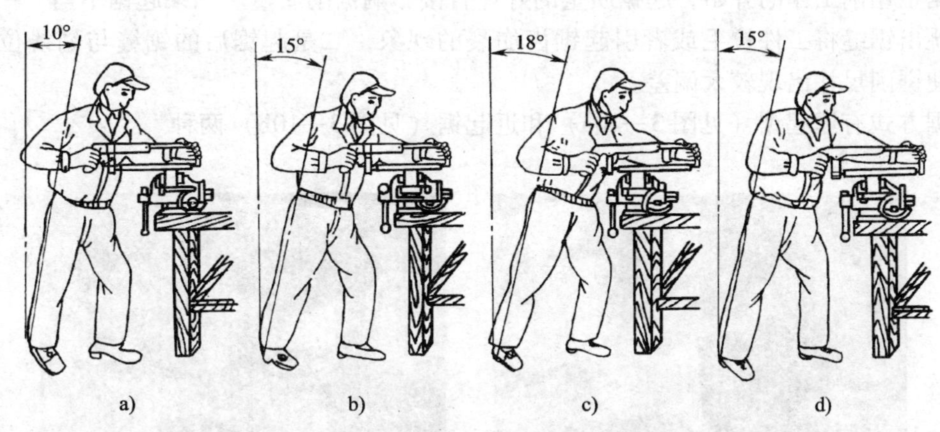

图 3—7　锯削操作姿势示意图

2. 锯削操作方法

（1）工件的夹持

工件一般应夹持在台虎钳的左侧，以便操作，如图 3—8 所示；工件伸出钳口不应过长（应使锯缝离开钳口侧面约 20 mm），防止工件在锯削时产生振动；锯缝线要与钳口侧面保持平行（使锯缝线与铅垂线方向一致），以便于控制锯缝不偏离划线线条；夹紧要牢靠，同时要避免将工件夹变形和夹坏已加工面。

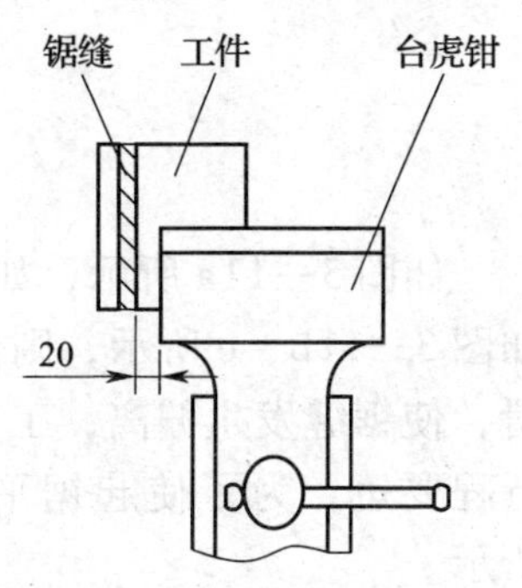

图 3—8　工件的夹持

（2）锯条的安装

手锯是在前推时才起切削作用，因此锯条安装应使齿尖的方向朝前，如图3—9a所示，如果装反了，如图3—9b所示，则锯齿前角为负值，不能正常锯削。在调节锯条松紧时，翼形螺母不宜旋得太紧或太松：太紧时锯条受力太大，在锯削中用力稍有不当就会折断；太松则锯条在锯削时容易扭曲，也易折断，而且锯出的锯缝容易歪斜。其松紧程度以用手扳动锯条，感觉硬实即可。

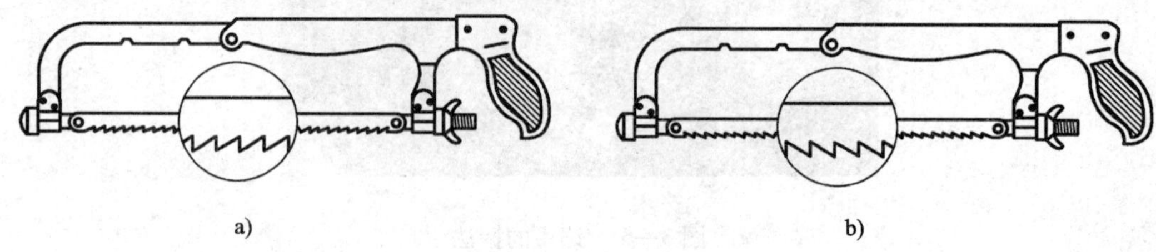

a)　　　　b)

图3—9　锯条的安装

a）正确　b）错误

锯条安装后，要保证锯条平面与锯弓中心平面平行，不得倾斜和扭曲，否则，锯削时锯缝极易歪斜。

（3）起锯方法

起锯是锯削工作的开始，起锯质量的好坏直接影响锯削质量。如果起锯不当，一是常出现锯条跳出锯缝将工件拉毛或者引起锯齿崩裂的现象，二是起锯后的锯缝与划线位置不一致，将使锯削尺寸出现较大偏差。

起锯方式有远起锯（见图3—10a）和近起锯（见图3—10b）两种。

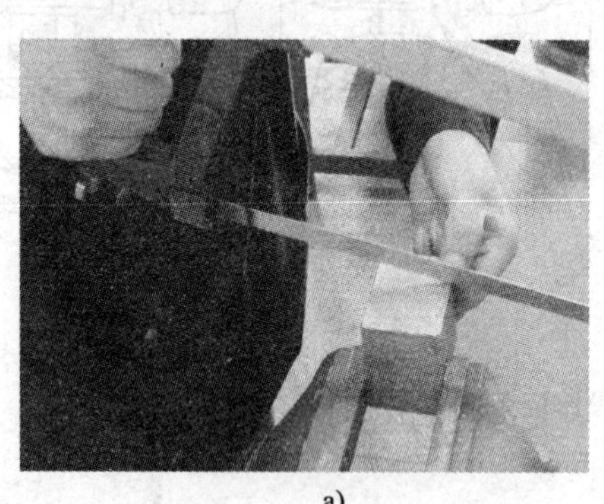

a)

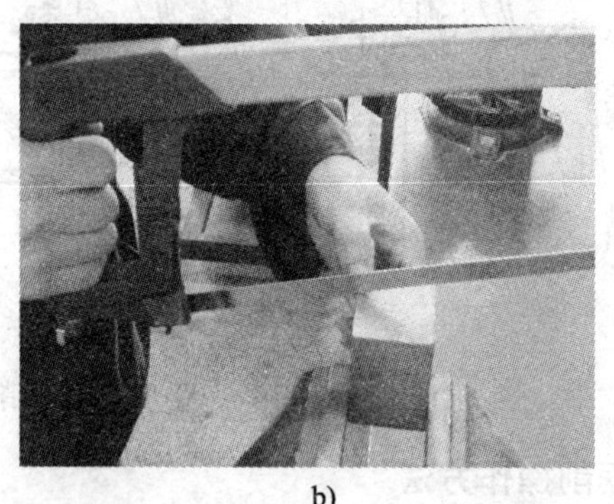

b)

图3—10　起锯的方法

a）远起锯　b）近起锯

如图3—11a所示，如果起锯角太大，锯齿易被工件的棱边卡住。但若起锯角 θ 太小，如图3—11b、c所示，则会由于同时与工件接触的齿数多而不易切入材料，锯条还可能打滑，使锯缝发生偏离，工件表面容易被拉出多道锯痕而影响表面质量。起锯时压力要小，行程要短，为了使起锯平稳，位置准确，可用左手大拇指确定锯条位置，如图3—11d所示。

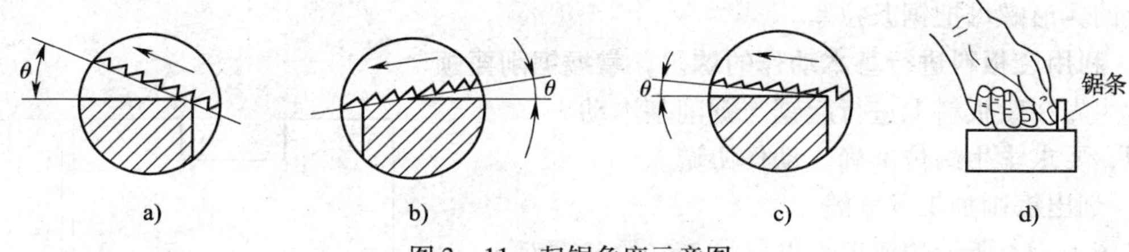

图 3—11　起锯角度示意图

任务实施

一、技能训练图

学生先在图 3—12 所示的 80 mm×80 mm×15 mm 毛坯件上练习锯削姿势，待学生掌握一定的锯削技能后，再进行（60.5±0.45）mm 锯削练习。

二、操作准备

1. 工具和量具：可调式锯弓、锯条、钢直尺、划针、样冲、榔头等。
2. 辅助工具：油壶、毛刷、白粉笔等，如图 3—13 所示。

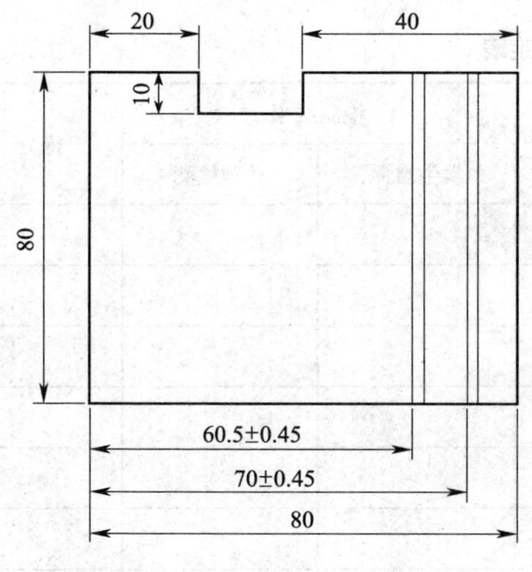

图 3—12　锯削技能训练图

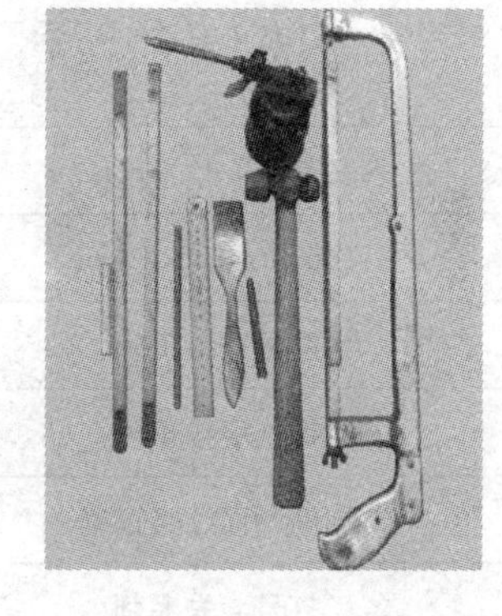
图 3—13　锯削技能训练操作准备

3. 材料：80 mm×80 mm×15 mm 铸件每人一块。

毛坯件要求：毛坯件上带有两凸台，用于项目四任务 1 的练习；两凸台左、右侧不对称，余量多的一侧是用于本任务练习，同时考虑钳工实习时间限制，要求预先加工好一直角基准面（此毛坯件也是项目六任务 2 的练习件）。

三、锯削操作

1. 正确安装锯条

根据锯削材料——铸铁的硬度，选择粗齿锯条，安装锯条时齿尖的方向朝前。旋紧活动夹头上的翼形螺母把锯条拉紧。

2. 利用废板料进行基本动作的练习，掌握锯削要领

学生先在废板料上进行起锯与锯削基本动作练习，要求学生站位准确、动作协调。

3. 划出锯削加工尺寸线

按图3—14所示的要求，以已加工好的基准面A为基准，用高度划线尺分别划出60.5 mm、62.5 mm、70 mm、72 mm锯削加工尺寸线。

4. 完成两次锯削操作

第一次在70 mm和72 mm锯削加工尺寸线之间锯削，要求锯缝在规定的两条加工尺寸线之间，锯削的尺寸精度达到（70 ±0.45）mm。待锯削技能达到一定水准后，再在60.5 mm和62.5 mm锯削加工尺寸线之间进行第二次锯削，锯削的尺寸精度达到（60.5 ±0.45）mm。

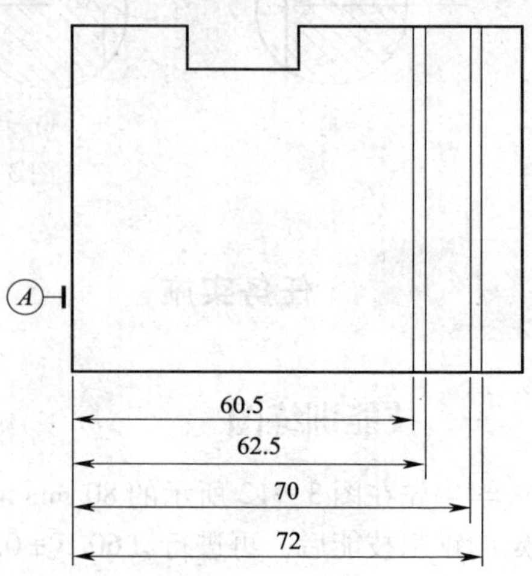

图3—14　锯削练习加工尺寸线

四、练习记录及成绩评定

锯削姿势训练评定见表3—2。

表3—2　**锯削姿势训练评定表**

序号	技术要求	配分	检测结果		得分
			学生自测	教师检测	
1	（70 ±0.45）mm	25			
2	（60.5 ±0.45）mm	25			
3	锯条安装正确	10			
4	锯削姿势正确	20			
5	锯削断面纹路正确	10			
6	打号、去毛刺	5			
7	安全文明生产	5			

操作提示

1. 锯条安装方向正确，锯齿向前。
2. 锯削时，压力适当，动作协调，经常检查锯缝的平直。
3. 锯削过程中禁止用嘴吹工件上的铁屑，防止铁屑飞进眼睛。
4. 锯削过程中禁止用手触摸锯面，防止手被划伤。

5. 适当加润滑油，以减少锯条过热磨损。
6. 要求锯缝在规定的加工线内。

课后思考

1. 锯齿的切削角度有什么特点？如果锯条装反会有哪些影响？
2. 什么是锯路？锯路的作用是什么？
3. 锯削时的起锯方式有哪几种？各自的特点是什么？
4. 起锯角对锯削质量有哪些影响？如何选择起锯角？

任务2　锯削长方体

学习目标

1. 掌握游标卡尺的刻线原理和读数方法。
2. 继续巩固锯削操作姿势，并在钢件上完成长方体的锯削练习，锯削精度达到：尺寸精度 ±0.5 mm，平面度 0.8 mm，平行度 0.8 mm。

工作任务

本任务是在项目二任务 2 中完成的立体划线的基础上进行锯削练习，主要通过学生具体操作，在圆钢棒料上锯削出如图 3—15 所示的长方体。

图 3—15　锯削好的长方体

机械制造和生产过程中常用到各种各样的金属材料和非金属材料，而金属材料中最典型、最传统的是铸件和钢件，本任务的棒料就是钢件。通过本任务的操作训练，进一步巩固锯削操作姿势，提高锯削基本操作技能，体会不同材料锯削的区别。

相关理论

游标卡尺是一种中等精度的量具，可以直接测量出工件的外径、孔径、长度、宽度、深度和孔距等尺寸。

一、游标卡尺的结构（以普通 1/50 mm 游标卡尺为例）

游标卡尺的结构如图 3—16 所示。

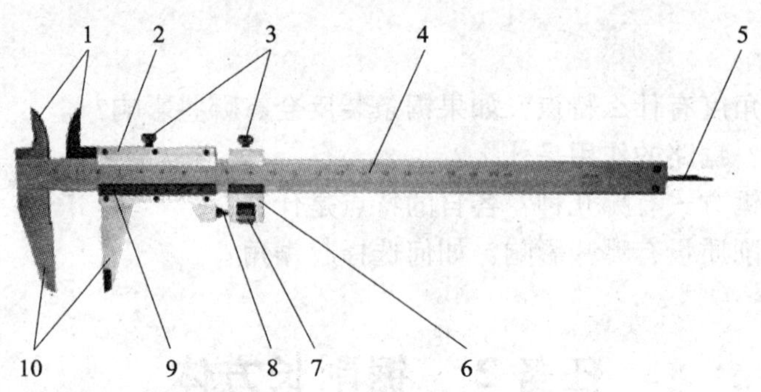

图 3—16　游标卡尺的结构

1—孔用量爪　2—活动尺身　3—紧固螺钉　4—固定尺身　5—测深杆

6—微调装置　7—微调螺母　8—螺杆　9—游标　10—轴用量爪

测量时，旋松紧固螺钉可使活动尺身沿固定尺身移动，并通过游标和固定尺身上的刻线进行读数，在调节尺寸时可先将微调装置上的紧固螺钉旋紧，再通过其内的微调螺母与螺杆配合推动活动尺身前进或后退，从而获得所需要的尺寸，前端量爪可分别用来测量外径、孔径、长度、宽度、孔距等尺寸，后端测深杆可用来测量深度尺寸。

二、游标卡尺的刻线原理

固定尺身上每一小格为 1 mm，当两量爪合并时，游标上的 50 小格正好与固定尺身上的 49 mm 对正，因此，固定尺身与游标每小格之差为：

$$1-\frac{49}{50}=0.02\ \text{mm}$$

此差值即为 1/50 mm 游标卡尺的测量精度。

三、游标卡尺的读数

如图 3—17 所示，游标卡尺的读数方法如下：

第一步，读出游标上零线左面固定尺身的毫米整数。

第二步，读出游标上哪一条刻度线与固定尺身上某刻度线对齐，将该刻度线数乘以 0.02 mm 就是小数部分。

第三步，把固定尺身和游标上的尺寸加起来即为测得的尺寸。

游标卡尺只适用于中等精度（IT10 ~ IT16）尺寸的测量和检验。不能用游标卡尺测量铸造、锻造等毛坯工件，否则会使量具很快磨损而失去精度；也不能用游标卡尺测量精度要求高的工件，因为游标卡尺存在一定的示值误差。

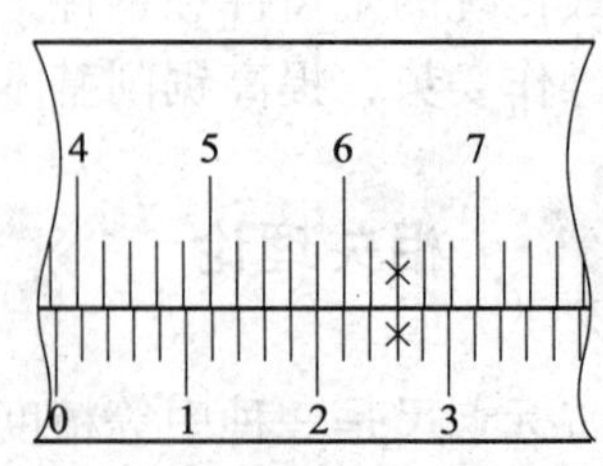

图 3—17　游标卡尺的读数

四、游标卡尺的测量要点

测量时，先使游标卡尺的一个量爪与工件的被测表面完全接触，然后右手大拇指推动另一个量爪向前移动至与工件另一被测表面完全接触，如图 3—18a 所示，即可进行读数。不可使游标卡尺处于歪斜位置时读数（见图 3—18b）。

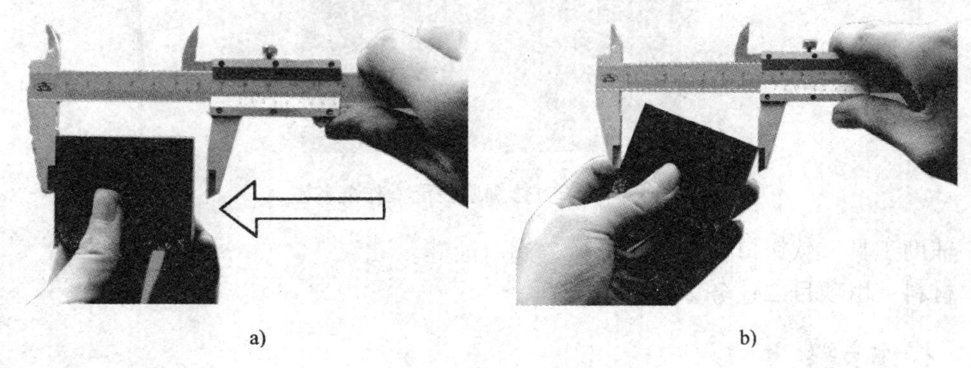

a) b)

图 3—18 游标卡尺的测量

a）正确 b）错误

任务实施

一、技能训练图

学生根据图 3—19 所示的锯削技能训练图要求，在 ϕ35 mm × 122 mm 圆钢棒料上锯削出（22 ±0. 5）mm ×（22 ±0. 5）mm × 122 mm 的长方体。

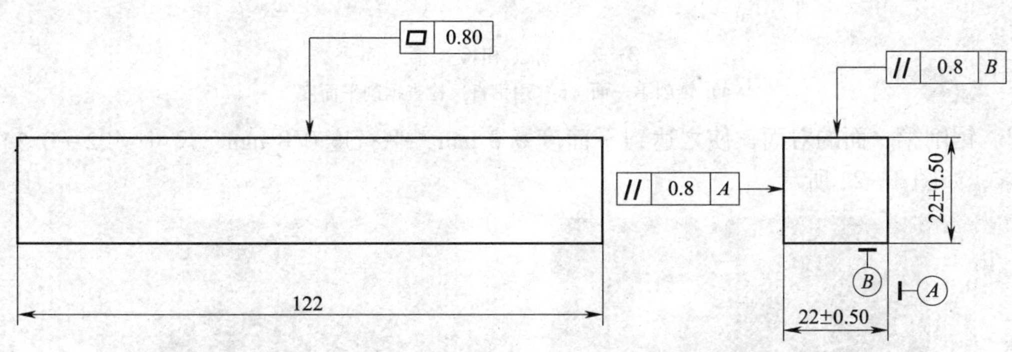

图 3—19 长方体锯削技能训练图

二、操作准备

1. 工具和量具：锯条（若干）、锯弓、游标卡尺、钢直尺、刀口直角尺、高度划线尺等，如图 3—20 所示。

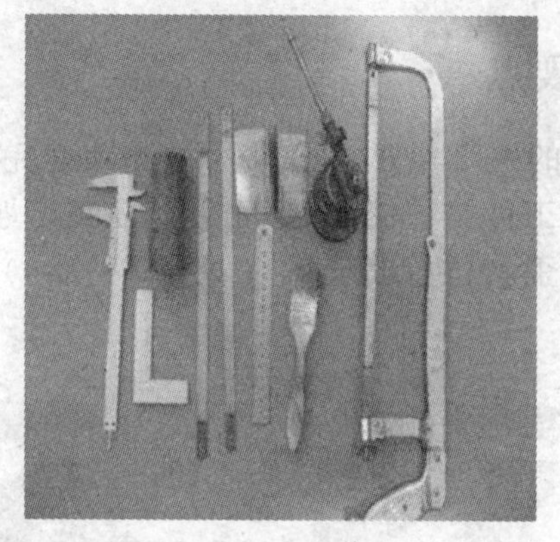

图 3—20　长方体锯削技能操作准备图

2. 辅助工具：软钳口衬垫、V 形架、润滑油等。

3. 材料：由项目二任务 2 转下。

三、操作步骤

1. 锯削第一面，使之达到平面度 0. 8 mm 及加工面的尺寸要求，如图 3—21 所示。

a)

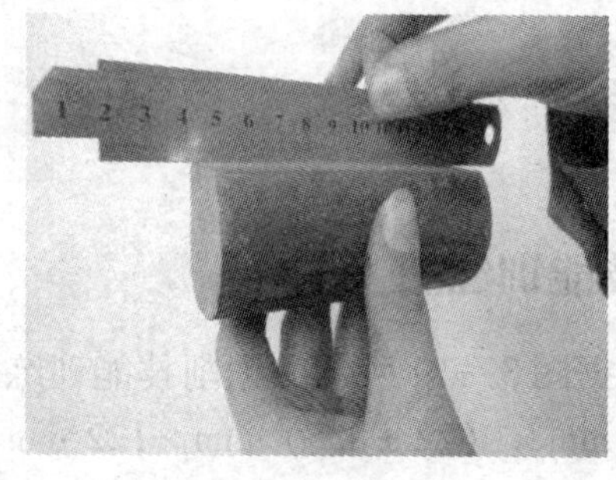

b)

图 3—21　加工和检查第一面

a）锯削第一面　b）用钢直尺检查锯削平面度

2. 锯削第一面的对面，使之达到平面度 0. 8 mm、平行度 0. 8 mm、尺寸（22 ±0. 5）mm 的要求，如图 3—22 所示。

a)

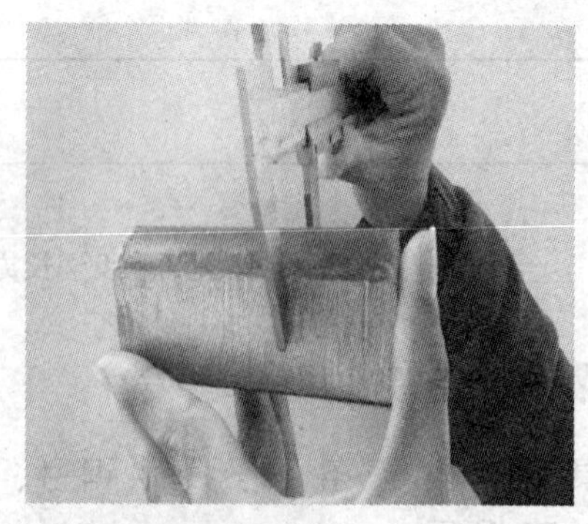

b)

图 3—22　加工和检查第一面的对面

a）锯削第一面的对面　b）用游标卡尺检查锯削尺寸和精度

3. 锯削第一面的垂直面，使之达到平面度 0.8 mm 及加工面的尺寸要求，如图 3—23 所示。

4. 锯削第四面，使之达到平面度 0.8 mm、平行度 0.8 mm、尺寸（22 ± 0.5）mm 的要求，如图 3—24 所示。

5. 去毛刺，送检。

图 3—23　锯削第一面的垂直面

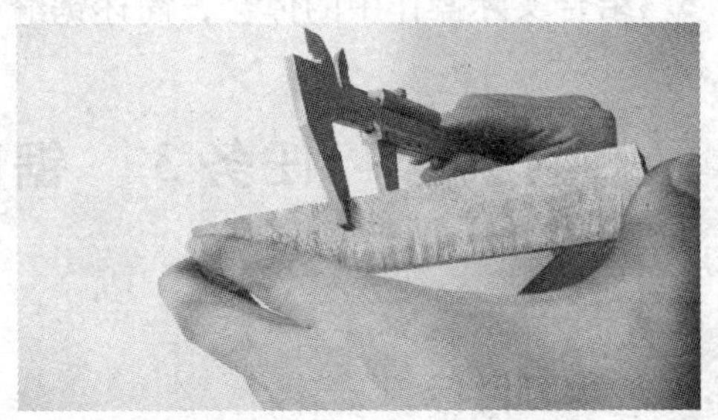

图 3—24　检查第三面和第四面的尺寸和精度

四、练习记录及成绩评定

长方体锯削训练成绩评定见表 3—3。

表 3—3　　**长方体锯削训练成绩评定表**

序号	项目与技术要求	配分	评分标准	检测方法	得分
1	工件夹持正确	4	不符合要求酌情扣分	目测	
2	工量具安放位置正确、排列整齐	5	不符合要求酌情扣分	目测	
3	握锯正确、自然	5	不符合要求酌情扣分	目测	
4	锯削姿势正确	5	不符合要求酌情扣分	目测	
5	锯削断面纹路整齐	5	不符合要求酌情扣分	目测	
6	锯条使用正确	5	不符合要求酌情扣分	目测	
7	尺寸（22 ± 0.5）mm	30	每超差 0.2 mm 扣 10 分	游标卡尺	
8	平面度 0.8 mm	20	每超差 0.2 mm 扣 10 分		
9	与基准 *A* 的平行度 0.8 mm	8	每超差 0.1 mm 扣 4 分	游标卡尺	
10	与基准 *B* 的平行度 0.8 mm	8	每超差 0.1 mm 扣 4 分	游标卡尺	
11	安全文明操作	5	违者每次扣 2 分	—	

操作提示

1. 选择中齿锯条进行锯削操作。
2. 锯削速度以每分钟 20 ~ 40 次为宜，不宜过快。
3. 锯削过程中，要经常检查锯缝的直线度，及时纠正歪斜。

课后思考

1. 简述 1/50 mm 游标卡尺的刻线原理及测量要点。
2. 当锯缝的深度超过锯弓的高度时，将如何进行锯削？
3. 结合实际操作中的体会，简述锯缝歪斜的原因。

任务 3　锯削薄板、薄壁件

学习目标

1. 掌握薄板、薄壁类零件锯削的装夹方法。
2. 了解和掌握薄板、薄壁类零件锯削方法并达到一定的锯削精度。

工作任务

实际生产中除了棒料和方料外，还有薄板料、薄壁管料，对于这类材料，采用前面学习过的锯削方法，往往无法顺利地完成加工。

本任务是通过如图 3—25 所示薄板、薄壁管类零件的锯削训练，学会选择不同的锯条、采用相应的锯削方法，完成对各种形状材料的锯削任务，达到进一步提高锯削技能的目的。

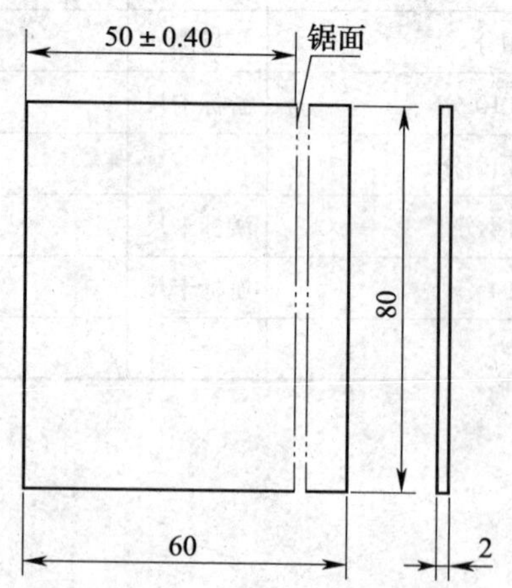

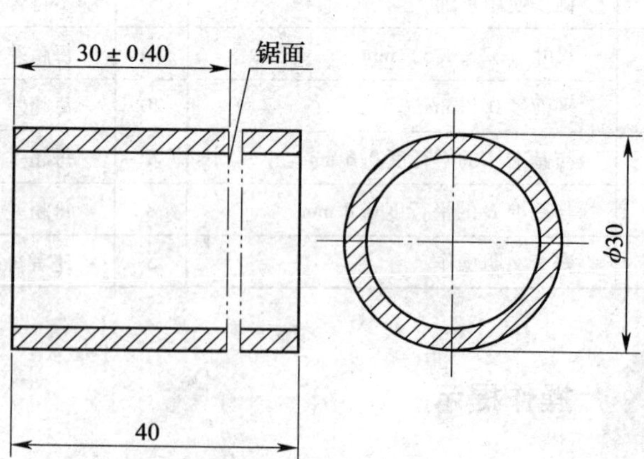

图 3—25　薄板、薄壁管类零件

相关理论

一、薄板的锯削方法

1．横向斜推锯薄板料法

锯削薄板料时，应使锯缝处于水平位置，手锯作横向斜推锯。尽可能从宽面上锯下去，这样，锯齿不易被钩住，如图 3—26 所示。

2．木板夹持锯薄板料法

当一定要在板料的窄面锯下去时，应该把板料夹在两木块之间，连同木块一起锯下，这样才可避免锯齿被钩住，同时也增加了板料的刚度，锯削时不会颤动，如图 3—27 所示。

图 3—26　横向斜推锯薄板料

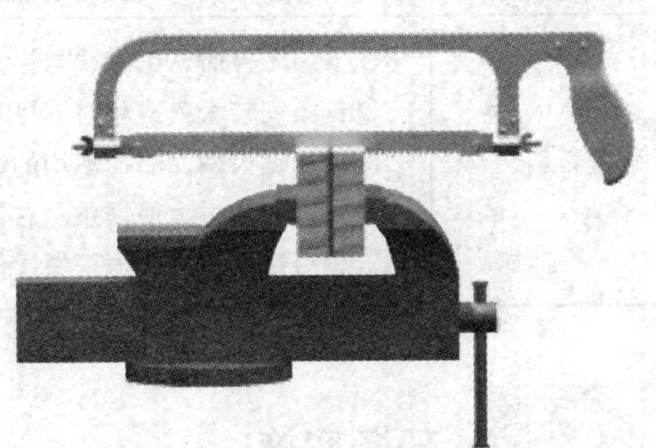

图 3—27　木板夹持锯薄板料

二、薄壁管类零件的锯削方法

锯削管子的时候首先要正确夹持管子。对于薄壁管子和精加工过的管件，应夹在有 V 形槽的木垫之间，以防夹扁和夹坏表面，如图 3—28 所示。锯削时不要只在一个方向上锯，要多转几个方向，每个方向只锯到管子的内壁处，直至锯断为止，如图 3—29 所示。

图 3—28　用 V 形槽木垫夹持锯薄壁管子

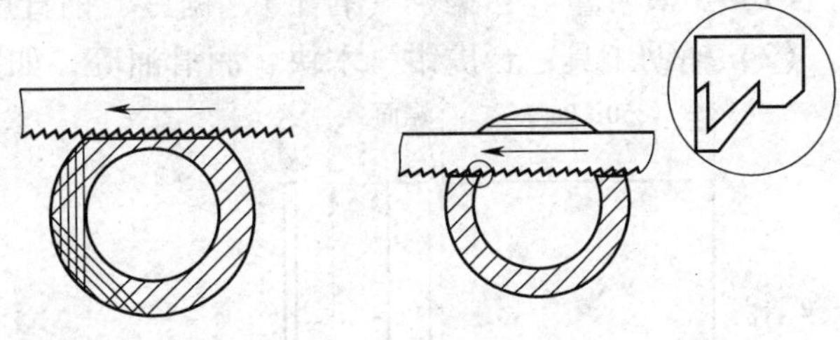

图 3—29　转位锯削

锯薄板料和薄壁管子时，应选择细齿锯条进行锯削，这样同时参加切削的齿数较多，每齿担负的锯削量小，锯削阻力小，材料易于切除，推锯省力，锯齿也不易磨损。

三、锯条损坏和锯缝歪斜的原因

锯条损坏（锯齿崩裂、锯条折断）和锯缝歪斜的原因见表 3—4。

表 3—4　锯条损坏和锯缝歪斜的原因

出现的问题	产生的原因
锯齿崩裂	①锯薄壁管子和薄板料时没有选用细齿锯条 ②起锯角太大或采用近起锯时用力过大 ③锯削时突然加大压力，锯齿被工件棱边钩住而崩断
锯条折断	①锯条装得过紧或过松 ②工件装夹不正确，锯削部位距钳口太远，以致产生抖动或松动 ③锯缝歪斜后强行纠正，使锯条被扭断 ④用力太大或锯削时突然加大压力 ⑤新换锯条在旧锯缝中被卡住而折断（一般要改换方向再锯，如只能从旧锯缝锯下去，则应减慢速度和减小压力，并要特别小心） ⑥工件锯断时没有及时掌握好，使手锯与台虎钳等相撞而折断锯条
锯缝歪斜	①安装工件时，锯缝线与铅垂线方向不一致 ②锯条安装太松或相对锯弓平面扭曲 ③使用锯齿两面磨损不均的锯条 ④锯削压力过大使锯条左右偏摆 ⑤锯弓未扶正或用力歪斜，使锯条偏离锯缝中心平面，而斜靠在锯削断面的一侧

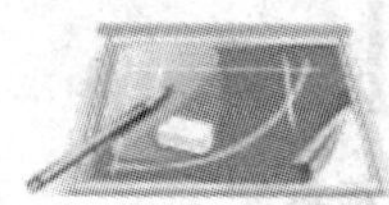

任务实施

一、锯削薄板件

1．操作训练图

学生根据图 3—30 所示的技能训练图要求，在 60 mm × 80 mm × 2 mm 薄板料上锯削出（50 ± 0.40）mm × 80 mm × 2 mm 长方形薄板。

2．操作准备

（1）工具和量具：锯条（若干）、锯弓、钢直尺、划针等。

（2）辅助工具：台虎钳、木块、润滑油等，如图 3—31 所示。

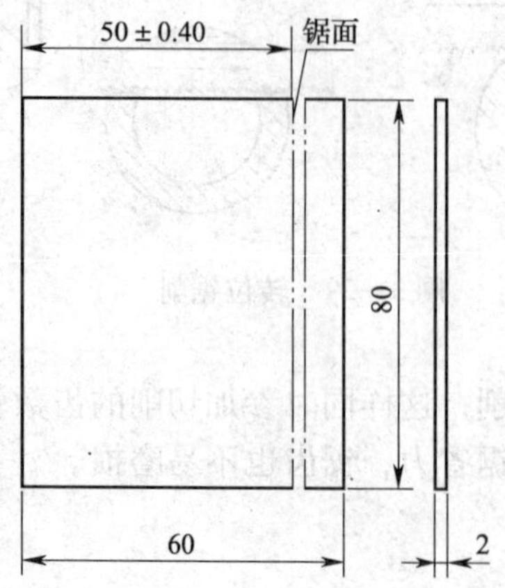

图 3—30　薄板锯削操作训练图

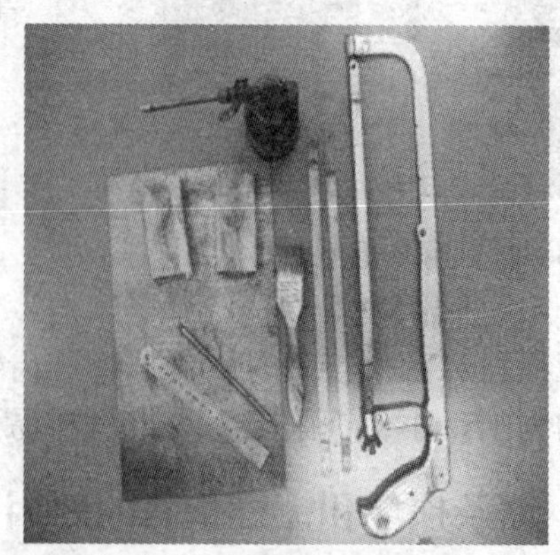

图 3—31　薄板锯削操作准备

（3）材料：60 mm × 80 mm × 2 mm 薄板料若干（注：薄板料规格不限，教师可以利用废料或项目二任务 1 中的板料来练习，具体尺寸教师也可以自行设计）。

3．操作步骤

（1）用钢直尺和划针在薄板上划出 50 mm 锯削位置线。

（2）用木板夹持薄板料并一起夹在台虎钳上，连同木板一起锯下来完成薄板料窄面上锯削（本操作是采用木板夹持锯薄板料法，在实际操作中也可采用横向斜推锯薄板料法来完成加工）。

（3）去除毛刺、飞边，检查尺寸。

二、锯削薄壁管类件

1．操作训练图

学生根据图 3—32 所示技能训练图要求，在 ϕ30 mm × 40 mm 的钢管上锯削出一段 ϕ30 mm ×（30 ± 0.40）mm 的钢管。

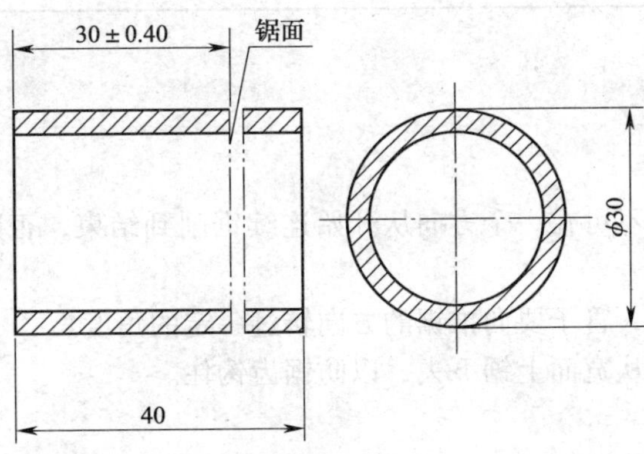

图 3—32　薄壁管锯削操作训练图

2．操作准备

（1）工具和量具：细齿锯条（若干）、锯弓、钢直尺等，如图 3—33 所示。

（2）辅助工具：V 形槽木垫、油壶、滑石（或粉笔）、矩形纸条等。

（3）材料：ϕ30 mm 钢管，长度为 40mm（规格不限，可以采用废料进行练习）。

3．操作步骤

（1）用矩形纸条（划线边必须直）按锯削尺寸包住薄壁管子外圆，然后用滑石画出锯削加工线。

（2）用 V 形槽木垫夹持薄壁管子并一起夹紧在台虎钳的左侧。

（3）按锯削加工线锯削，当在一个方向锯到管子内壁处时，把管子向推锯的方向转过一定角度，并连接原锯缝再锯到管子的内壁处，如此逐渐改变方向不断转锯，直到锯断为止。

（4）去除毛刺和飞边，检查尺寸。

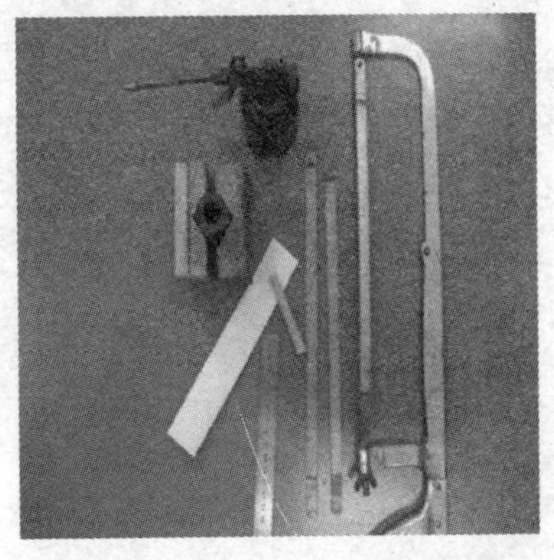

图 3—33　薄壁管锯削操作准备

三、练习记录及成绩评定

薄板、薄壁管锯削训练成绩评定见表 3—5。

表 3—5　　　　薄板、薄壁管锯削训练成绩评定表

序号	项目与技术要求	配分	评分标准	检测方法	得分
1	工件夹持正确	15	不符合要求酌情扣分	目测	
2	工量具安放位置正确、排列整齐	10	不符合要求酌情扣分	目测	
3	握锯正确、自然	15	不符合要求酌情扣分	目测	
4	锯削姿势正确	10	不符合要求酌情扣分	目测	
5	锯削断面纹路整齐	10	不符合要求酌情扣分	目测	
6	锯条使用正确	10	不符合要求酌情扣分	目测	
7	尺寸（50 ±0.40）mm	15	每超差 0.5 mm 扣 10 分	游标卡尺	
8	尺寸（30 ±0.40）mm	15	每超差 0.5 mm 扣 10 分	游标卡尺	

操作提示

1. 锯削薄壁管子时不可在一个方向从开始连续锯削到结束，否则锯齿易被管壁钩住而崩裂。
2. 锯到管子内壁处，管子要向推锯的方向转过一定的角度。
3. 锯薄板料尽可能从宽面上锯下去，以防锯齿钩住。

课后思考

1. 锯条锯齿的粗细规格如何表示？怎样正确选择锯条的粗细规格？
2. 为什么锯削薄板或薄壁管子时锯齿往往易崩裂？用什么方法可以避免？
3. 锯削练习中锯齿崩裂、锯条折断和锯缝歪斜的原因是什么？

项目四

锉 削

任务1　平面锉削姿势练习

学习目标

1. 掌握正确的平面锉削姿势和动作要领。
2. 了解锉刀的使用和保养知识。
3. 了解锉削安全操作的知识。

工作任务

锉削是钳工的重要技能之一，它的工作范围很广，可以加工工件的内外平面、内外曲面、内外角、沟槽及各种复杂形状的表面。在现代生产条件下，仍有一些零件的加工需要用手工锉削来完成，例如装配过程中对个别零件的修整、修理，小批量生产条件下一些复杂形状的零件加工，以及样板、模具的加工等。

本任务是通过在如图4—1所示的练习件上进行锉削姿势训练，掌握使用锉削工具进行锉削加工的方法，重点掌握正确的锉削姿势和动作要领，为后面的锉削练习做好准备。

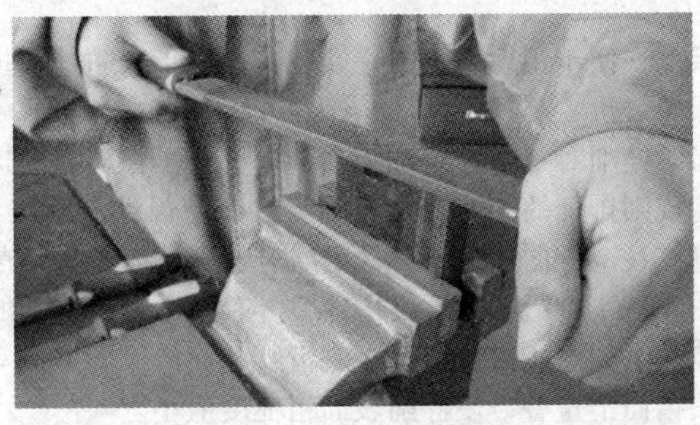

图4—1　锉削姿势训练练习件

相关理论

用锉刀对工件表面进行切削加工，使其尺寸、形状、位置和表面粗糙度等都达到要求，这种加工方法叫锉削。锉削的加工范围包括内外平面、内外曲面、内外角、沟槽及各种复杂形状的表面。下面介绍锉削工具及其使用方法。

一、锉削工具

锉削的主要工具是锉刀。锉刀是用高碳工具钢 T12、T12A、T13A 等制成，经热处理淬硬，硬度可达 62HRC 以上。由于锉削工作较广泛，目前使用的锉刀规格已标准化。

1. 锉刀的组成

锉刀主要由锉齿、锉刀面、锉刀尾、锉刀把等组成，如图 4—2 所示。

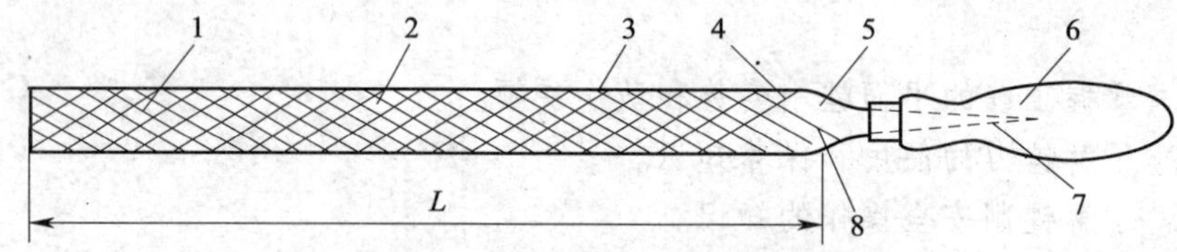

图 4—2　锉刀的组成

1—锉齿　2—锉刀面　3—锉刀边　4—底齿　5—锉刀尾　6—锉刀把　7—锉刀舌　8—面齿

(1) 锉刀面

锉刀面指锉刀主要工作面，它的长度表示锉刀的规格（圆锉的规格参考直径的大小而定，方锉的规格参考方头尺寸而定）。锉刀面在纵长方向上呈凸弧形，前端较薄，中间较厚。

(2) 锉刀边

锉刀边指锉刀上的窄边，有的边有齿，有的边没齿，没齿的边叫安全边或光边。

(3) 锉刀尾

锉刀尾指锉刀上没齿的一端，它跟锉刀舌连着。

(4) 锉刀舌

锉刀舌指锉刀尾部，它像一把锥子一样插入手柄中。

(5) 锉刀把

锉刀把装在锉刀舌上，便于用力，它的一端装有铁箍，以防锉刀把劈裂。

2. 锉齿和锉纹

锉刀有无数个锉齿，锉削时每个锉齿都相当于一把錾子在对材料进行切削。

锉纹是锉齿按一定规则排列的图案。锉刀的齿纹有单齿纹和双齿纹两种，如图 4—3 所示。单齿纹指锉刀上只有一个方向的齿纹，锉削时全齿宽同时参加切削，切削力大，因此常用来锉削软材料，如图 4—3a 所示。双齿纹指锉刀上有两个方向排列的齿纹，齿纹浅的叫底齿纹，齿纹深的叫面齿纹，如图 4—3b 所示。底齿纹和面齿纹的方向和角度不一样，锉削时能使每一个齿的锉痕交错而不重叠，使锉削表面粗糙度值小。

采用双齿纹锉刀锉削时，锉屑是碎断的，切削力小，再加上锉齿强度高，所以适用于硬材料的锉削。

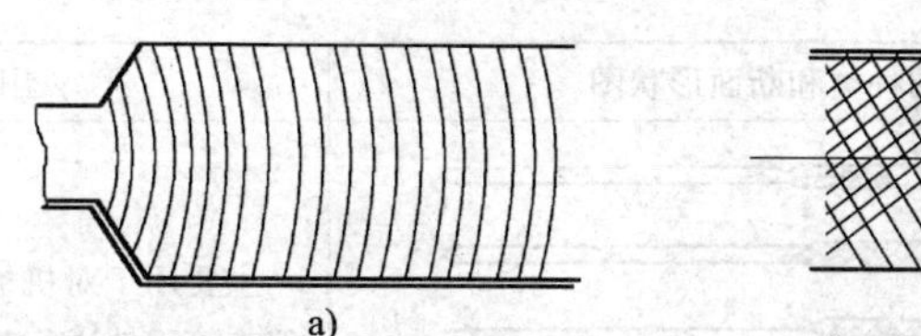

图 4—3　锉刀的齿纹

a）单齿纹　b）双齿纹

3．锉刀的种类、形状和用途

（1）普通锉

按断面形状不同分为五种，即平锉、方锉、圆锉、三角锉、半圆锉。

（2）整形锉

用于修整工件上的细小部位。

（3）特种锉

用于加工特殊表面，种类较多。

锉刀的种类、形状和用途见表 4—1。

表 4—1　　锉刀的种类、形状和用途

名称	锉刀的种类和断面形状图	用途
钳工锉（普通锉）	扁锉　方锉　半圆锉　圆锉　三角锉	用于加工金属零件的各种表面，加工范围广
异形锉（特种锉）		主要用于锉削工件上特殊的表面

续表

名称	锉刀的种类和断面形状图	用途
整形锉 （什锦锉）		主要用于对机械、模具、电器和仪表等零件进行整形加工，通常一套分 5 把、6 把、9 把或 12 把等几种

4. 锉刀的规格及选用

锉刀的规格分尺寸规格和齿纹粗细规格两种。

方锉刀的尺寸规格以方形尺寸表示，圆锉刀的尺寸规格用直径表示，其他锉刀则以锉身长度表示。钳工常用的锉刀，锉身长度有 100 mm、125 mm、150 mm、200 mm、250 mm、300 mm、350 mm、400 mm 等多种规格。

齿纹粗细规格，以锉刀每 10 mm 轴向长度内主锉纹的条数表示。主锉纹指锉刀上起主切削作用的齿纹；而另一个方向上起分屑作用的齿纹称为辅助齿纹。锉刀齿纹规格及适用场合见表 4—2。

表 4—2　　锉刀齿纹规格及适用场合

锉刀齿纹规格	适用场合		
	锉削余量（mm）	尺寸精度（mm）	表面粗糙度（μm）
1 号（粗齿锉刀）	0.5 ~ 1	0.2 ~ 0.5	*Ra* 100 ~ 25
2 号（中齿锉刀）	0.2 ~ 0.5	0.05 ~ 0.2	*Ra* 25 ~ 6.3
3 号（细齿锉刀）	0.1 ~ 0.3	0.02 ~ 0.05	*Ra* 12.5 ~ 3.2
4 号（双细齿锉刀）	0.1 ~ 0.2	0.01 ~ 0.02	*Ra* 6.3 ~ 1.6
5 号（油光锉刀）	0.1 以下	0.1 以下	*Ra* 1.6 ~ 0.8

5. 锉刀的选择

每种锉刀都有它适当的用途，如果选择不当，就不能充分发挥它的效能，甚至会过早地使其丧失切削能力。因此，正确合理地选择锉刀，有助于延长锉刀的使用寿命，提高锉削质量和效率。锉刀选择的原则是：

（1）锉刀断面形状的长度应根据被锉削工件的表面形状和大小选用。锉刀形状应适应工件加工表面形状。

（2）锉刀的粗细规格取决于工件材料的性质、加工余量的大小、加工精度和表面粗糙度要求的高低。例如粗锉刀由于齿距较大不易堵塞，一般用于锉削软材料及加工余量大、尺寸精度低和表面粗糙度要求不高的工件；而细锉刀则用于锉削钢、铸铁以及加工余量小、精度和表面粗糙度要求高的工件；油光锉用于最后修光工件表面。

二、锉刀的使用和保养

为了延长锉刀的使用寿命，必须遵守下列规则：

1．使用新锉刀应先用一面，用钝后再用另一面，使用时注意锉刀面上的记号。使用过程中不允许用手摸锉刀面。

2．严禁用锉刀锉削经过淬火硬化的材料、工具，如禁止用锉刀锉削錾子的切削部分。

3．对于铸造、煅造工件表面上有氧化皮的，在锉削前应用砂轮机磨去氧化皮。

4．锉刀在使用后，应用钢丝刷顺着锉纹清除锉屑，禁止用水和油对锉刀进行清洗和保养。

5．对于锉刀上清除不掉的铁屑可用刀片清理。

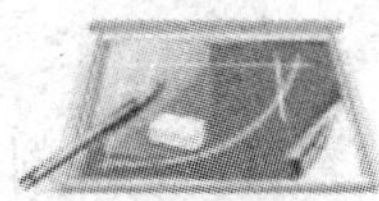

任务实施

本次任务可以先在课堂上讲解相关理论知识，然后现场示范锉削姿势和动作要领，之后学生实际操作，待学生有一定的感性认识后观看录像，最后学生继续进行实际操作。

一、平面锉削的姿势和锉削方法

1．锉刀的握法

（1）较大锉刀

较大锉刀一般指锉刀长度大于 250 mm 的锉刀。较大锉刀的握法如图 4—4 所示，右手握着锉刀柄，将柄外端顶在拇指根部的手掌上，大拇指放在手柄上，其余手指由下而上握手柄。左手在锉刀上的握法有 3 种：左手掌斜放在锉梢上方，拇指根部肌肉轻压在锉刀刀头上，中指和无名指抵住梢部右下方；左手掌斜放在锉梢部，大拇指自然伸出，其余各指自然蜷曲，小拇指、无名指、中指抵住锉刀前下方；左手掌斜放在锉梢上，各指自然平放。

（2）中型锉刀

右手与较大锉刀握法相同，左手的大拇指和食指轻轻扶持锉刀，如图 4—5 所示。

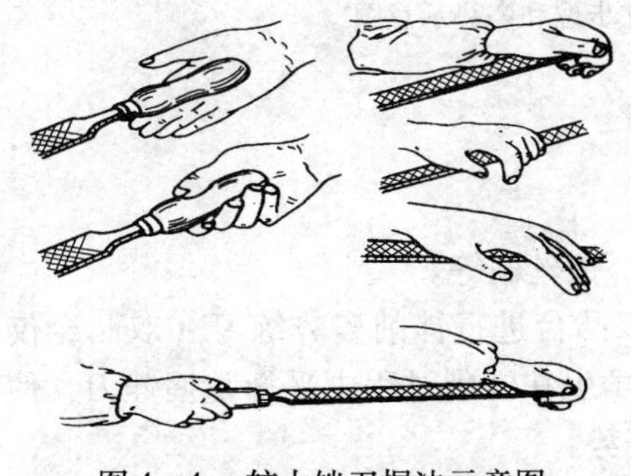

图 4—4　较大锉刀握法示意图

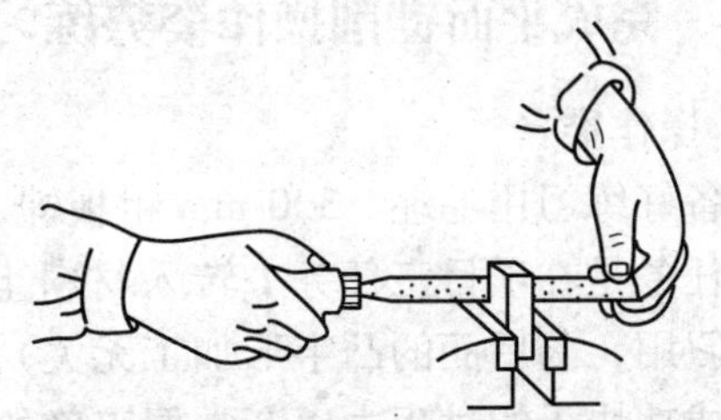

图 4—5　中型锉刀握法示意图

（3）小型锉刀

右手的食指平直扶在手柄外侧面，左手手指压在锉刀的中部，以防锉刀弯曲，如图 4—6 所示。

（4）整形锉

单手握持手柄，食指放在锉身上方，如图 4—7 所示。

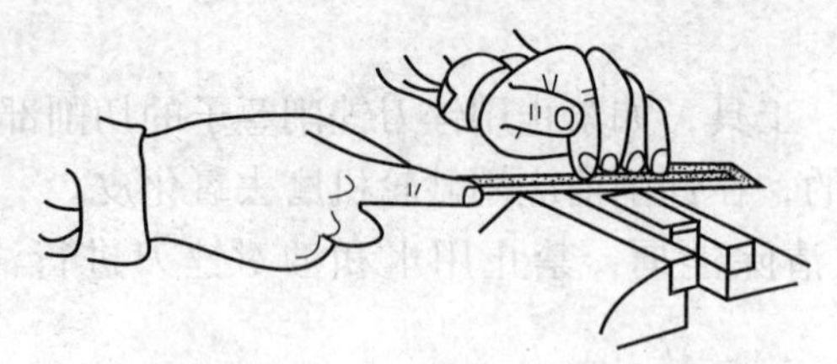

图 4—6　小型锉握法示意图

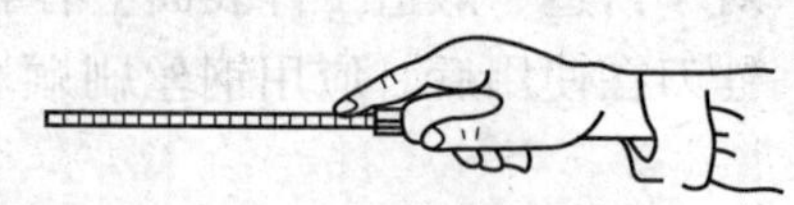

图 4—7　整形锉握法示意图

2．锉削的姿势

锉削时的站立步位和姿势如图 4—8 所示。两手握住锉刀放在工件上，左臂弯曲；锉削时，身体先于锉刀并与之一起向前，右腿伸直并向前倾，重心在左脚，左膝呈弯曲状态；当锉刀锉至约 3/4 行程时，身体停止前进，两臂则继续将锉刀向前推到头，同时，左膝伸直重心后移，身体恢复原位，并将锉刀收回。然后进行第二次锉削。

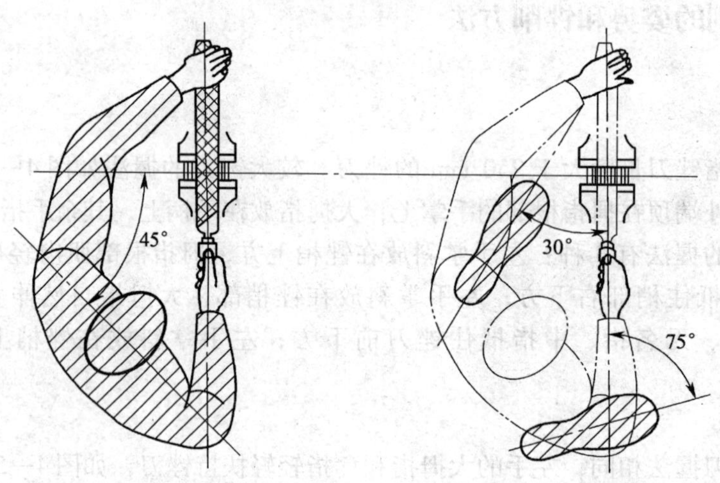

图 4—8　锉削时的站立步位和姿势示意图

二、完成平面锉削操作姿势练习

1．操作准备

准备好练习用毛坯、300 mm 粗板锉、毛刷、铜丝刷等。

本任务是在项目三任务 1 转入材料上利用双凸台进行锉削姿势练习（双凸台仅做锉削姿势练习用，与后面的凸字形加工无关），便于学生在锉削过程中平衡掌握锉刀，使学生能在体验成功快乐的过程中逐渐掌握正确的锉削姿势。

2．工件的装夹

（1）工件尽量夹持在台虎钳钳口宽度方向中间，锉削面高出钳口面约 15 mm。

（2）装夹要稳固，用力适当，以防工件变形。

3．顺向锉操作姿势练习

锉刀运动方向与工件夹持方向始终一致。在锉宽平面时，每次退回锉刀都在横向作适当的移动。顺向锉法的锉纹整齐一致，比较美观，这是最基本的一种锉削方法，不大的平面和最后锉光通常都用这种方法。顺向锉法如图 4—9 所示，锉削动作如图 4—10 所示。两手握住锉刀放在工件上面，左臂弯曲，小臂与工件锉削面的左右方向保持基本平行，右小臂要与工件锉削面的前后方向保持基本平行，但要自然。锉削时，身体先于锉刀并与之一起向前，右腿伸直并稍向前倾，重心在左脚，左膝呈弯曲状态。当锉刀锉至约 3/4 行程时，身体停止前进，两臂则继续将锉刀向前推到头，同时，左膝自然伸直并随着锉削时的反作用力，将身体重心后移，使身体恢复原位，并顺势将锉刀收回。当锉刀收回将近结束时，身体又开始先于锉刀前倾，作第二次锉削的向前运动。

图 4—9　顺向锉法图示

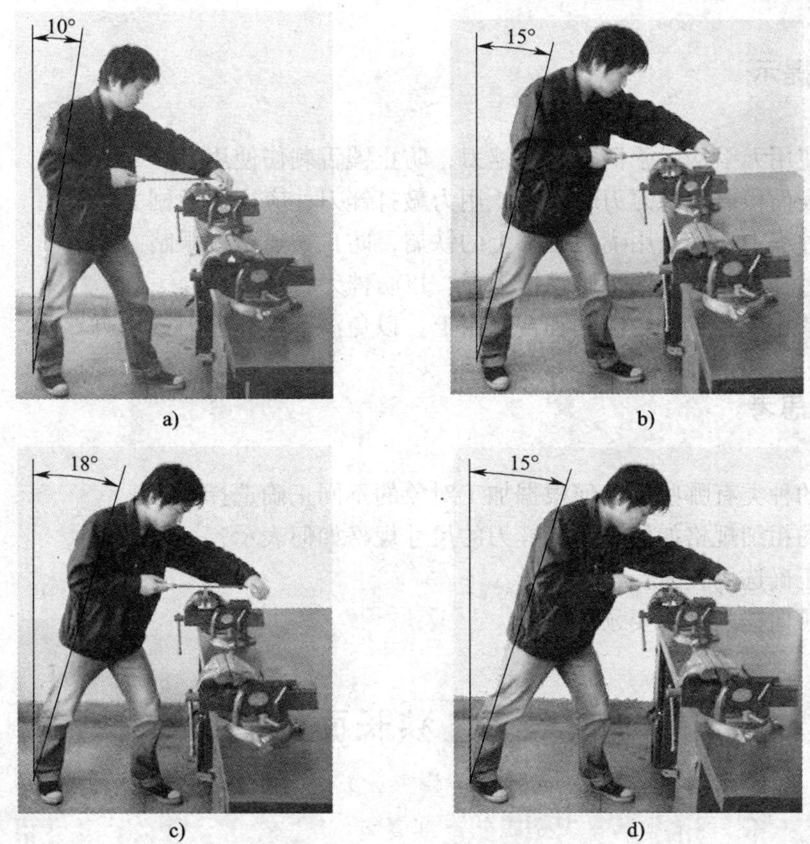

图 4—10　锉削动作

4．锉削时两手的用力和锉削速度

要锉出平直的平面，必须使锉刀保持直线的锉削运动。为此，锉削时右手的压力要随锉刀推动而逐渐增加，左手的压力要随锉刀推动而逐渐减小。回程时不要加压力，以减少锉齿的磨损。

三、练习记录及成绩评定

平面锉削姿势训练成绩评定见表 4—3。

表 4—3　　平面锉削姿势训练成绩评定表

测评内容	站立姿势		锉刀握法		动作协调		备注
测评标准	站立姿势正确	每出现一次错误	握法正确	每出现一次错误	动作协调自然	错误	总分为 15 分
配分	6	-1	6	-1	3	0	老师签字：
自检							最终得分：
互检							

操作提示

1. 禁止使用无手柄或手柄松动的锉刀，防止锉舌刺伤使用者。
2. 锉刀表面积屑阻塞刀刃时，禁止用力敲打锉刀，应用钢丝刷去除积屑。
3. 锉削过程中，禁止用嘴吹工件上的铁屑，防止铁屑飞进眼睛。
4. 锉削过程中，禁止用手触摸锉刀面，以防锉刀打滑。
5. 锉刀禁止放在工作台以外和台虎钳上，以免滑落损坏锉刀或伤脚。

课后思考

1. 锉刀的种类有哪些？如何根据加工对象的不同正确选择锉刀？
2. 锉刀的粗细规格如何表示？锉刀的尺寸规格如何表示？
3. 如何正确选用锉刀？
4. 简述顺向锉削技术要领。

任务 2　狭长面锉削

学习目标

1. 熟练掌握正确的平面锉削姿势和动作要领。
2. 了解顺向锉、交叉锉和推锉法的应用场合。
3. 平面锉削达到一定的精度，并掌握平面度的检测方法。

工作任务

锉削姿势练习（任务 1）是在双凸台上进行的，避免了刚开始锉削时由于两手用力不平衡产生中凸现象。为了进一步巩固正确的平面锉削姿势，保证锉削过程中两手用力平衡，逐步形成平面锉削技能技巧，现进行任务 2 的练习——完成狭长面锉削加工。

本任务是锉削一狭长面，如图 4—11 所示，使之平面度达到 0. 15 mm。

图 4—11　狭长面锉削

相关理论

一、平面的锉削方法

平面的锉削方法除了前面介绍的顺向锉外，还有交叉锉和推锉法两种。

1. 交叉锉

锉刀运动方向与工件夹持方向成 30°～40°，且锉纹交叉。由于锉刀与工件的接触面大，容易掌握锉刀平稳，同时从刀痕上可以判断出锉削面的情况，表面容易锉平，故一般适用于粗锉，如图 4—12 所示。

2. 推锉法

用两手对称横握锉刀，用大拇指推动锉刀顺着工件长度方向锉削，此法一般用来锉削狭长平面，如图 4—13 所示。

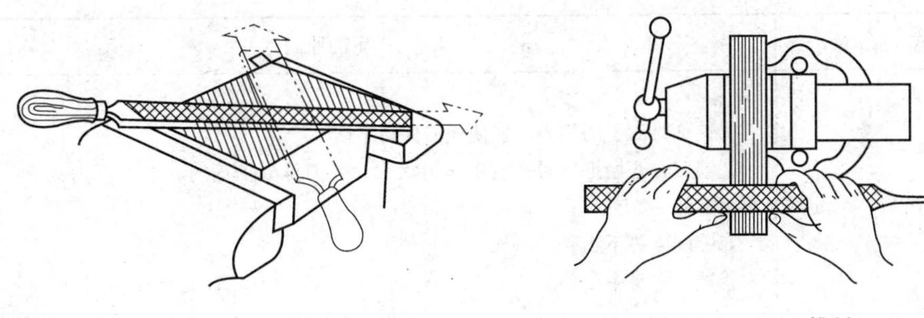

图 4—12　交叉锉　　　图 4—13　推锉

二、检查平面度的方法

1．刀口形直尺透光法检查直线度

将刀口形直尺垂直放在工作平面上，在加工面的纵向、横向、对角方向多处测量，以确定各方向的直线度误差，如图 4—14 所示。

2．塞尺检查平面度

塞尺是用来检查两个接合面之间间隙大小的片状量规，如图 4—15 所示。

检查平面度时，可将锉削面放在平板上用塞尺检查，如图 4—16 所示。

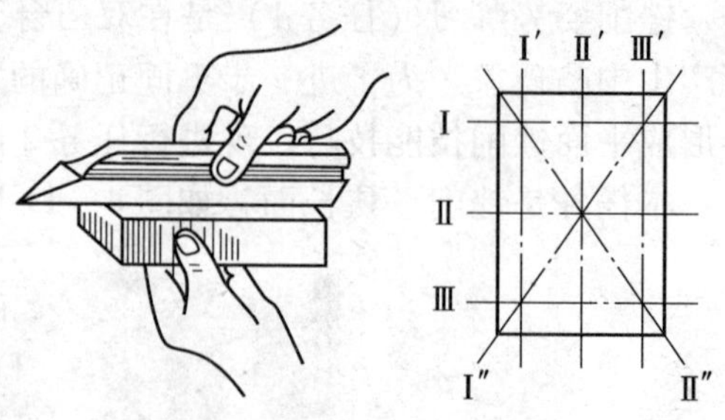

图 4—14　用刀口形直尺检验平面度

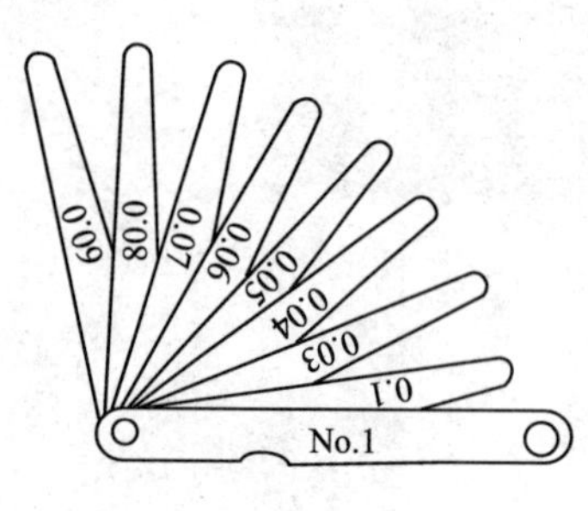

图 4—15　塞尺

图 4—16　用塞尺检查平面度

三、锉削平面的练习要领

用锉刀锉削平面的技能技巧必须经过反复的、多样性的刻苦练习才能掌握，而掌握要领的练习，可加快技能技巧的掌握。

1．掌握正确的姿势和动作。

2．做到锉削力适中，锉削时保持锉刀的直线平衡运动。因此，在操作时注意力要集中，练习过程要用心研究。

3．练习前了解几种锉削面不平的形式和原因（见表 4—4），以便于练习中分析改进。

表 4—4　　平面不平的形式和原因

形式	产生的原因
平面中凸	①锉削时双手的用力不能使锉刀保持平衡 ②锉刀在开始推出时，右手压力太大，锉刀推到前面时，左手压力太大，形成前、后面多锉 ③锉削姿势不正确 ④锉刀本身中凹

续表

形式	产生的原因
对角扭曲或塌角	①左手或右手施加压力时重心偏在锉刀的一侧 ②工件未夹持正确 ③锉刀本身扭曲
平面横向中凸或中凹	①锉刀在锉削时左右移动不均匀 ②锉刀本身横向中凸或中凹

任务实施

一、技能训练图

学生根据图 4—17 所示的技能训练图要求，选择项目三任务 1 完成的锯削面作为待加工面。经过本任务的训练，要求狭长面锉削精度达到平面度为 0.15 mm、尺寸 $60^{+0.2}_{0}$ mm，完成凸字形加工第二步（60 mm 方向外形）的粗加工。

二、操作准备

工具和量具：300 mm 粗板锉、250 mm 中板锉、200 mm 细板锉、刀口直角尺、塞尺、游标卡尺、钢丝刷、毛刷，如图 4—18 所示。

材料：由项目三的任务 1 转下。

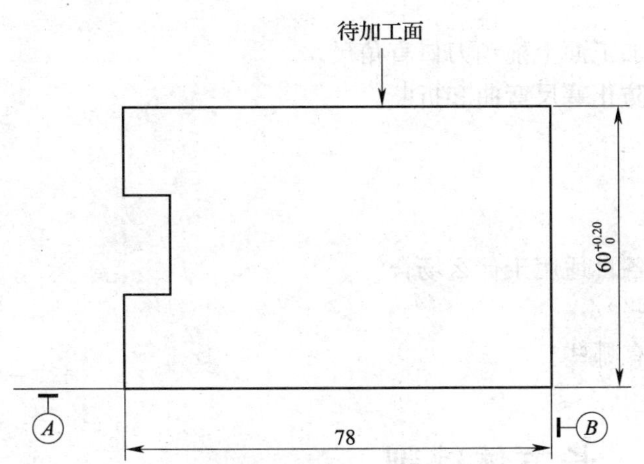

图 4—17　狭长面锉削技能训练图

注：基准 A、B 是已加工面，不需加工。

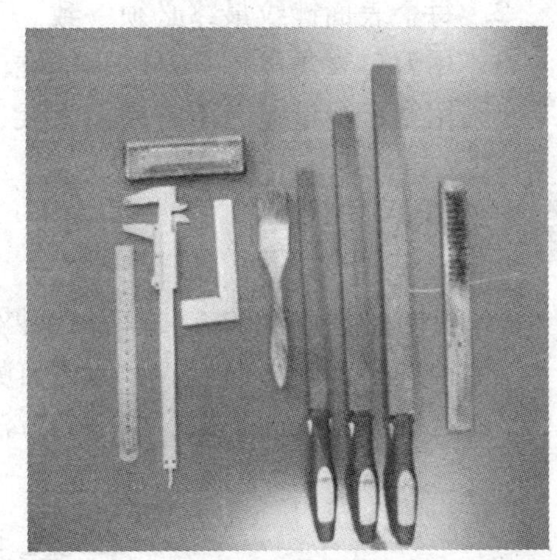

图 4—18　狭长面锉削技能操作准备

三、训练步骤

1．继续任务一——锉削姿势练习，熟练掌握正确的平面锉削姿势和动作要领。

2．选择项目三任务 1 完成的锯削面作为待加工面，在窄平面上练习顺向锉及推锉，提高锉削技能。

3. 用刀口直角尺或塞尺检查狭长面的平面度误差，保证其平面度为0.15 mm。

4. 为了保证该材料在项目六任务2——凸字形加工中有一定的精加工余量，锉削过程中还用游标卡尺测量加工面与基准面之间的尺寸，保证该尺寸为$60^{+0.2}_{0}$ mm（技能训练图上$60^{+0.2}_{0}$ mm尺寸精度仅供参考，不是本任务的重点）。

四、练习记录及成绩评定

狭长面锉削训练评定见表4—5。

表4—5　狭长面锉削训练评定表

测评内容	锉削姿势		平面度		锉纹		备注
测评标准	姿势正确	每出现一次错误	0.15 mm以内	超差	锉纹一致	锉纹不一致	总分为35分
配分	10	−1	20	−3	5	0	老师签字：
自检							最终得分：
互检							

操作提示

1. 练习时，锉削姿势要正确。用心体会手部用力是否平衡。
2. 每个表面锉纹最终必须一致。
3. 用刀口直角尺检查时，不能在已加工面上拖动刀口直角尺。
4. 用塞尺测量时，不能用力太大，防止塞尺弯曲和折断。

课后思考

1. 针对平面锉削的方法有哪几种？各自适用于什么场合？
2. 锉削平面不平的形式和原因有哪些？
3. 锉削工件表面平面度的检查方法有哪些？

任务3　长方体锉削

学习目标

1. 掌握用细齿锉刀提高表面粗糙度质量的方法。

2. 巩固游标卡尺的测量技术。

3. 掌握长方体的加工步骤，锉削后的工件应达到一定的锉削精度（尺寸精度和形状、位置精度）。

工作任务

通过锉削如图 4—19 所示的长方体，掌握正确的平面锉削姿势及在钢件上进行平面锉削的技能。初步掌握长方体的加工步骤，进一步提高学生的锉削技能、技巧。

图 4—19　锉削长方体

相关理论

一、250 mm 细板锉的使用方法

细板锉用于对平面进行精加工，可使加工表面形成较小的表面粗糙度值。

1. 细板锉握法：采用细板锉加工时，用力不需太大，细板锉平衡握法如图 4—20 所示。

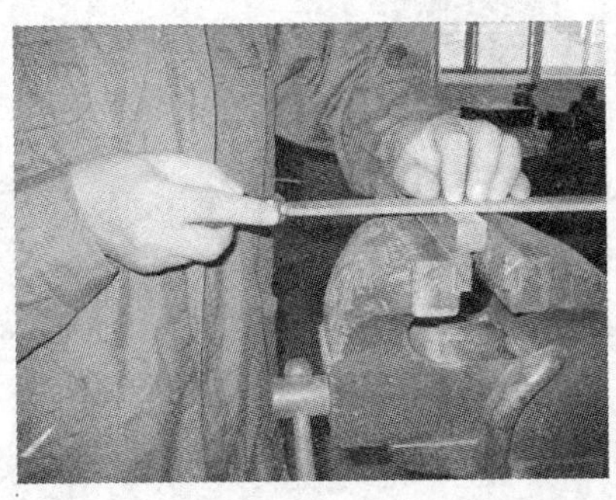

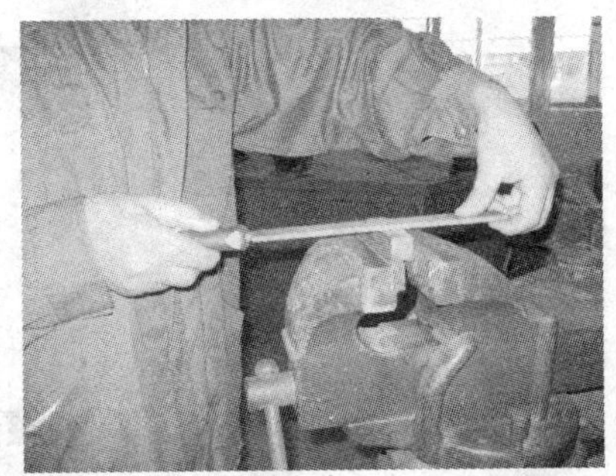

图 4—20　细板锉握法

2. 细板锉一般能加工出表面粗糙度 $Ra \leqslant 3.2\ \mu m$ 的表面。

细板锉刀齿面涂粉笔锉可达 $Ra\ 1.6\ \mu m$。

二、用刀口直角尺检查垂直度的方法

使刀口直角尺尺座测量面紧贴基准面，然后从上逐步轻轻向下移动使刀口直角尺的尺苗测量面与被测表面接触，通过眼睛平视观察透光情况，判断工件被测面与基准面是否垂直，如图 4—21 所示。

三、用游标卡尺检查平行度的方法

利用游标卡尺测量被测平面与基准面之间的尺寸，测量两端及中部三处，其最大值与最小值的差值就是平行度误差，如图 4—22 所示。

图 4—21　用刀口直角尺检查垂直度误差

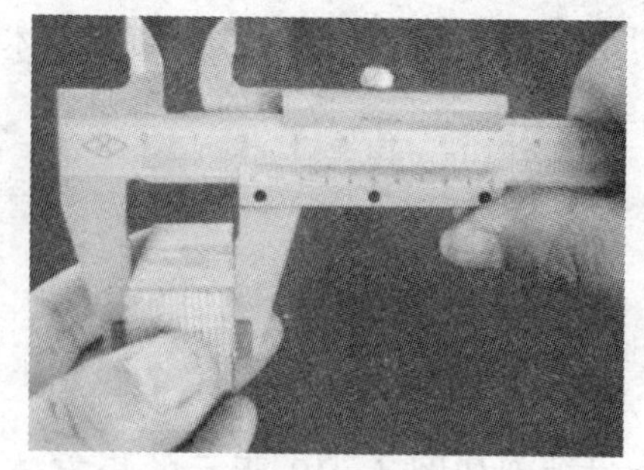
图 4—22　用游标卡尺检查平行度误差

四、千分尺的使用

千分尺是一种精密量具，它的测量精度比游标卡尺高，而且比较灵敏。因此，对于加工精度要求较高的工件尺寸，要用千分尺测量。

1．外径千分尺（简称千分尺）

（1）外径千分尺的结构

外径千分尺的结构如图 4—23 所示。

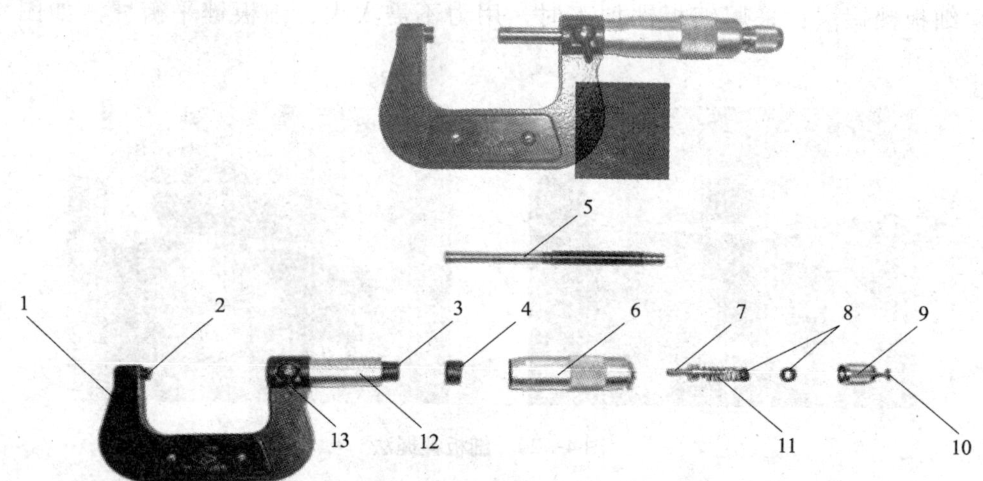

图 4—23　外径千分尺的结构

1—尺架　2—砧座　3—轴套　4—衬套　5—测微螺杆　6—微分筒　7—连接螺杆　8—棘轮　9—罩壳　10—螺钉　11—弹簧　12—固定套筒　13—锁紧手柄

（2）外径千分尺的刻线原理及读数

测微螺杆右端螺纹的螺距为 0.5 mm，微分筒转一周，测微螺杆移动 0.5 mm。微分筒圆锥面上共刻有 50 格，因此微分筒每转一格，测微螺杆就移动 0.5 ÷ 50 = 0.01 mm。

固定套筒上刻有主尺刻线，每格 0.5 mm。

外径千分尺读数的方法可分三步，如图 4—24 所示：

1）读出微分筒边缘在固定套筒主尺的毫米数和半毫米数。

2）看微分筒上哪一格与固定套筒上基准线对齐，并读出不足半毫米的数。

3）把两个读数加起来就是测得的实际尺寸。

（3）外径千分尺的测量范围和精度

外径千分尺的规格按测量范围分有：0 ~ 25 mm、25 ~ 50 mm、50 ~ 75 mm、75 ~ 100 mm、100 ~ 125 mm 等。使用时按被测工件的尺寸选用。

外径千分尺的制造精度分为 0 级和 1 级两种，0 级精度最高，1 级稍差。外径千分尺的制造精度主要由它的示值误差和两测量面平行度误差的大小来决定。

2．内径千分尺

内径千分尺如图 4—25 所示，主要用来测量内径及槽宽等尺寸。内径千分尺的刻线方向与外径千分尺的刻线方向相反。测量范围有 5 ~ 30 mm 和 25 ~ 50 mm 两种，其读数方法和测量精度与外径千分尺相同。

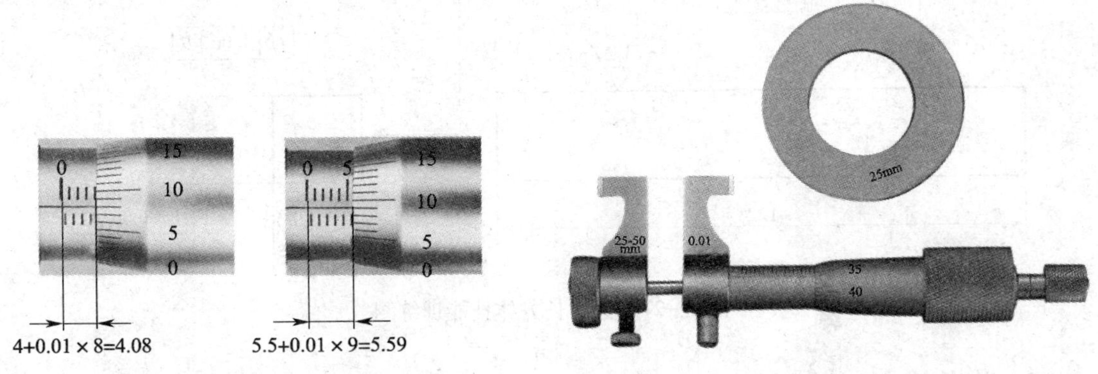

图 4—24　外径千分尺的读数　　图 4—25　内径千分尺

3．其他千分尺

除了外径千分尺和内径千分尺外，还有深度千分尺、公法线千分尺（用于测量齿轮公法线长度）和螺纹千分尺（用于测量螺纹中径）等，如图 4—26 所示，其刻线原理和读数方法与外径千分尺相同。

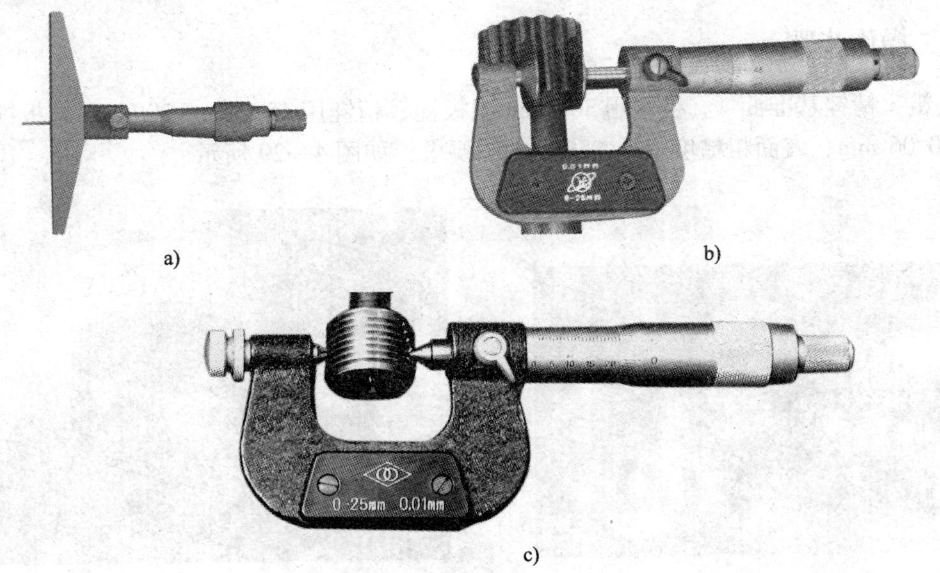

a)　b)　c)

图 4—26　其他千分尺

a）深度千分尺　b）公法线千分尺　c）螺纹千分尺

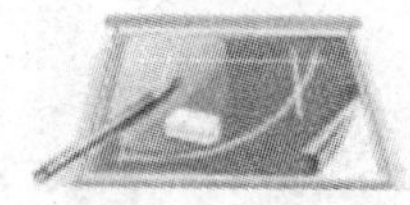

任务实施

一、技能训练图

学生根据图 4—27 所示的技能训练图要求，在项目三任务 2 转入的材料上完成锉削长方体（此步骤也是完成项目六任务 1——手锤加工的第三步）。

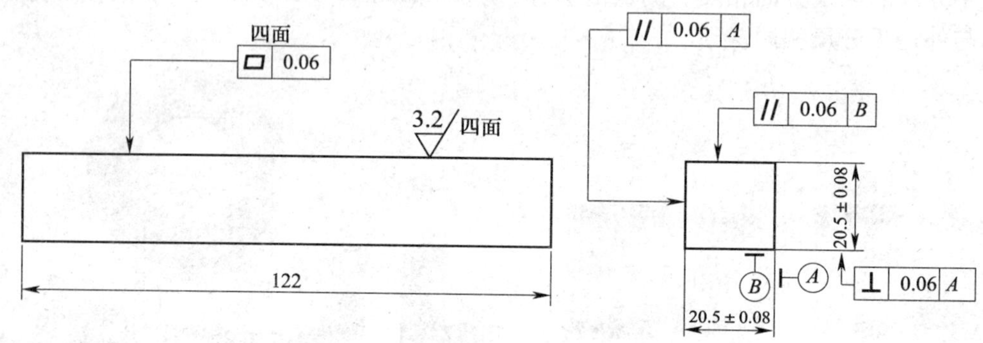

图 4—27　锉削长方体技能训练图

二、操作准备

1. 工具和量具：游标卡尺、高度划线尺、刀口直角尺、塞尺、300 mm 粗板锉、250 mm细板锉、200 mm 细板锉等，如图 4—28 所示。

2. 辅助工具：软钳口衬垫、钢丝刷、毛刷等。

3. 材料：由项目三任务 2 转下，每人一件。

三、操作步骤

1. 粗、精锉基准面 A。粗锉用 300 mm 粗板锉，精锉用 250 mm、200 mm 细板锉。达到平面度 0. 06 mm、表面粗糙度 $Ra \leqslant 3.2$ mm 的要求，如图 4—29 所示。

图 4—28　锉削长方体操作准备

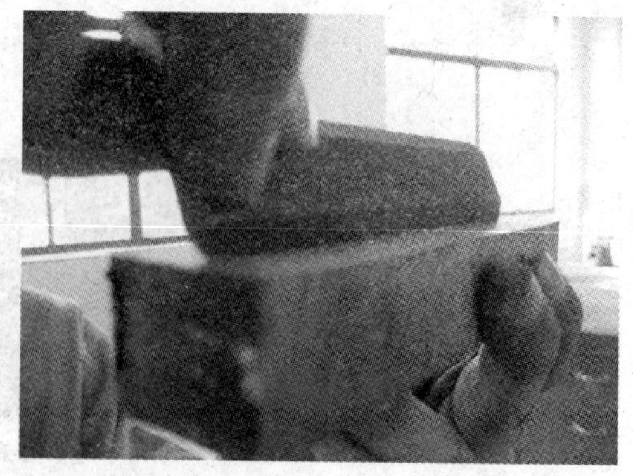

图 4—29　粗、精锉基准面 A 并检验

2. 粗、精锉基准面 A 的对面。先用高度划线尺划出相距 20.5 mm 的平面加工线，然后粗锉，留 0.15 mm 左右的精锉余量，再精锉达到图样要求，如图 4—30 所示。

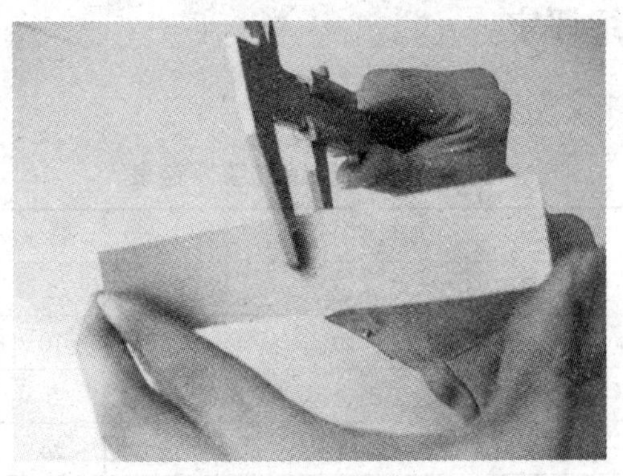

图 4—30　粗、精锉基准面 A 的对面并检验

3. 粗、精锉基准面 B，并用刀口直角尺检查该加工面的平面度是否满足不大于 0.06 mm的要求，以及该加工面与基准面 A 的垂直度是否满足不大于 0.06 mm 的要求，如图 4—31 所示。

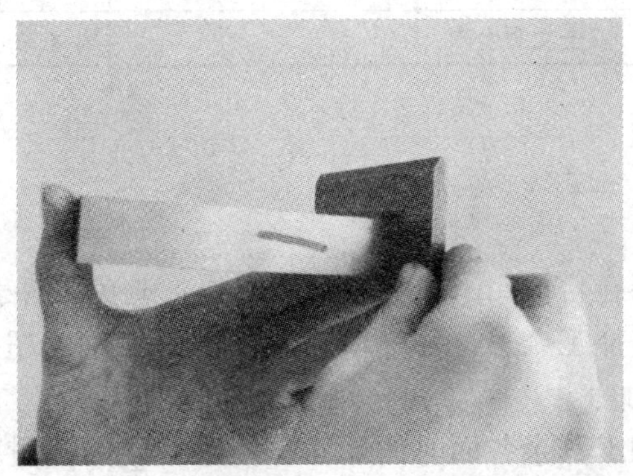

图 4—31　粗、精锉基准面 A 的任一邻面并检验

4. 粗、精锉基准面 A 的另一邻面。先用高度划线尺划出 20.5 mm 的平面加工线，然后粗锉，留 0.15 mm 左右的精锉余量，再精锉达到图样要求，如图 4—32 所示。

图 4—32　粗、精锉基准面 A 的另一邻面并检验

5. 复检

全部复检，并作必要的修整锉削。最后将锐边均匀倒棱。

四、练习记录及成绩评定

锉削长方体训练成绩评定见表4—6。

表4—6　　锉削长方体训练成绩评定表

序号	项目内容	项目要求	配分	自测	互测	得分
1	锉削姿势	正确选用锉刀	5			
2		锉削姿势正确，动作协调	10			
3		工量具摆放位置正确，排列整齐	5			
4	锉削长方体质量	锉削平面度0.06 mm（4处）	24			
5		锉削尺寸（20.5 ±0.08）mm（2组）	20			
6		相对于基准面 *A* 的平行度0.06 mm	10			
7		相对于基准面 *B* 的平行度0.06 mm	10			
8		锉削面表面粗糙度 *Ra* 值不大于3.2 μm（4处）	8			
9		安全文明生产	8			

操作提示

1. 夹紧加工件时，要在台虎钳上垫好软钳口衬垫，避免工件表面被夹伤。

2. 在锉削时要掌握好加工余量，仔细检查尺寸，避免尺寸超差；要采取顺向锉法，并使锉刀在有效全长上进行加工。

3. 基准面作为控制加工其余各面时的尺寸、位置精度的测量基准，必须达到规定的平面度要求后，才能加工其他各面。

4. 为保证垂直度要求，各面的横向尺寸必须首先尽可能获得较高的精度；在测量时锐边必须去毛刺倒棱，以保证测量准确。

课后思考

1. 试述用刀口直角尺检查工件垂直度的方法。
2. 锉削时为何要将粗、精加工分开？如何实现？
3. 试述长方体锉削加工工艺。

项目五

孔 加 工

任务1 钻孔准备及钻孔

学习目标

1. 了解麻花钻的基本构造。
2. 了解台式钻床的基本结构，并掌握钻削用量的选择及钻床转速的调整方法。
3. 按图样要求正确划出钻孔位置线，熟悉钻孔时工件的几种基本装夹方法。
4. 分别完成铸件和钢件上的钻孔任务，且达到相应的精度要求。

工作任务

通过在如图5—1、图5—2所示试件上进行孔加工的准备训练，了解台式钻床的基本结构和钻床转速的调整方法，掌握根据孔加工的材料与钻孔的直径选择合适的钻削用量的方法，学会确定钻孔位置的两种常用划线方法及工件的装夹方法。

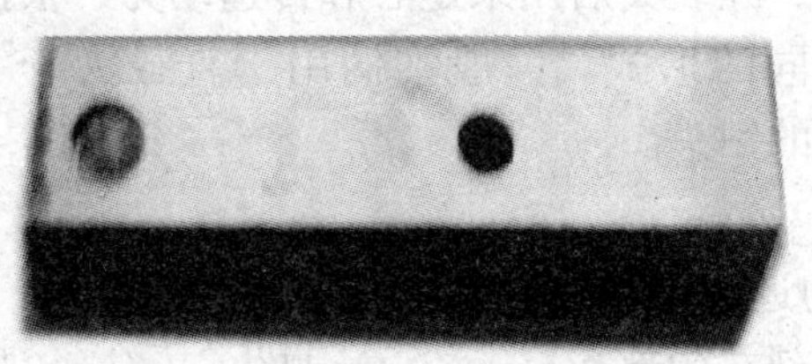

图5—1 钢件上的孔加工

图5—2 铸件上的孔加工

相关理论

一、钻孔加工

用钻头在钻床上对实体材料进行孔加工的操作称为钻孔。钻孔时，钻头装夹在钻床主轴上，依靠钻头与工件之间的相对运动来完成钻削加工。钻头的切削运动分为主运动和进给运动，如图 5—3 所示。

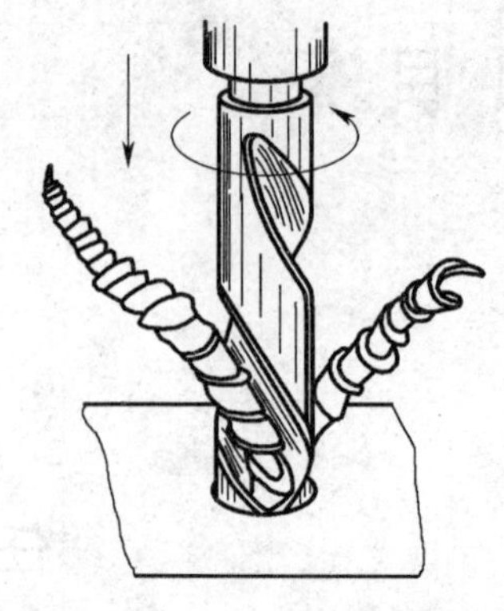
图 5—3　钻孔时钻头的运动

钻削时的主运动为钻床主轴（或钻头）的旋转运动，钻削时的进给运动为钻床主轴（或钻头）的轴向移动。

由于钻孔时钻头处于半封闭状态，转速高、切削量大，排屑困难，因此钻孔时的加工精度不高，一般为IT10 ~ IT11 级，表面粗糙度值一般为大于或等于 12.5 μm，常用于加工要求不高的孔或作为孔的粗加工。

二、普通麻花钻

普通麻花钻一般采用高速钢（W18Cr4V 或 W9Cr4V2）制成，经过淬火后，其硬度达到 62 ~ 68HRC。普通麻花钻主要由柄部、颈部以及工作部分组成，如图 5—4 所示。

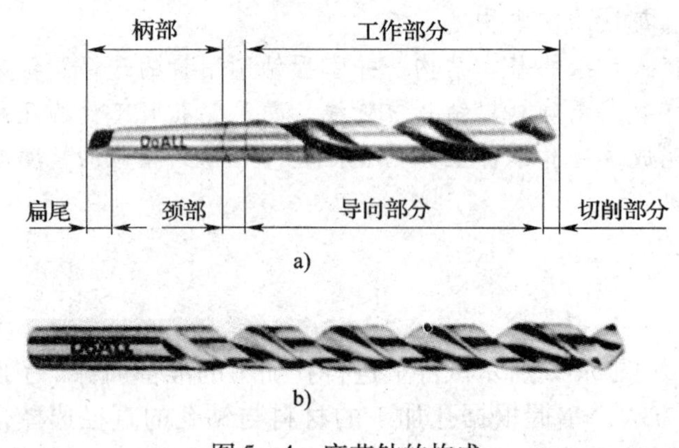

图 5—4　麻花钻的构成

a）锥柄麻花钻　b）直柄麻花钻

1. 柄部

柄部是钻头的夹持部分。在钻削过程中，经装夹后用来定心和传递动力，根据普通麻花钻直径的大小，柄部有锥柄和直柄两种不同的形式。一般锥柄用于直径大于（或等于）13 mm的钻头，而直柄用于直径小于 13 mm 的钻头。

2. 颈部

颈部是普通麻花钻在磨制加工时遗留的退刀槽。一般普通麻花钻的尺寸规格、材料以及商标都标刻在颈部。

3. 工作部分

工作部分由切削部分和导向部分组成，如图 5—5 所示。

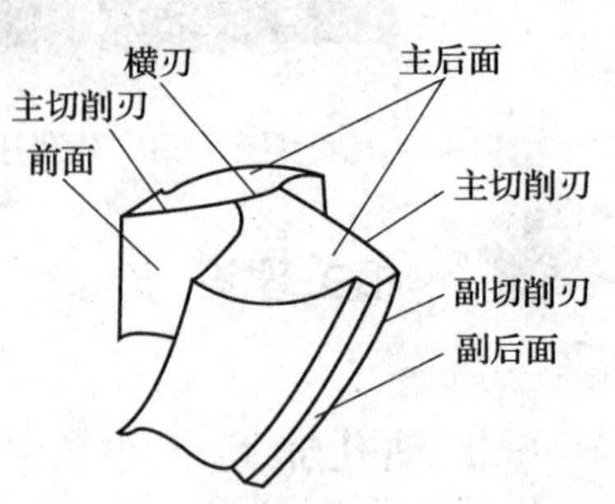

图 5—5　麻花钻切削部分的组成

切削部分由两条主切削刃、一条横刃、两个前面和两个后面组成，其作用主要是承担切削工件。

导向部分有两条螺旋槽和两条窄的螺旋形棱边，螺旋形棱边与螺旋槽表面相交成两条棱刃（副切削刃）。导向部分在切削过程中使钻头保持正确的钻削方向并起修光孔壁的作用，并通过螺旋槽排屑和输送切削液，此外，导向部分还是切削部分的后备部分。

三、钻床

钻床是一种用途广泛的孔加工机床。钻床主要是用钻头切削加工精度要求不高的孔，此外，还可以进行扩孔、锪孔、铰孔、攻螺纹以及锪平端面等操作。常用钻床按其结构形式可以分为台式钻床、立式钻床、摇臂式钻床等。

1. 台式钻床

台式钻床的结构及其传动如图 5—6 所示。台式钻床的主轴可以实现五级不同的转速（480 ~ 4 100 r/min），转速之间的转换主要依靠一组带轮，通过改变 V 带在带轮中的位置来实现转速的调节。主轴下端为莫式 2 号短型圆锥，用来安装钻夹头。

a)

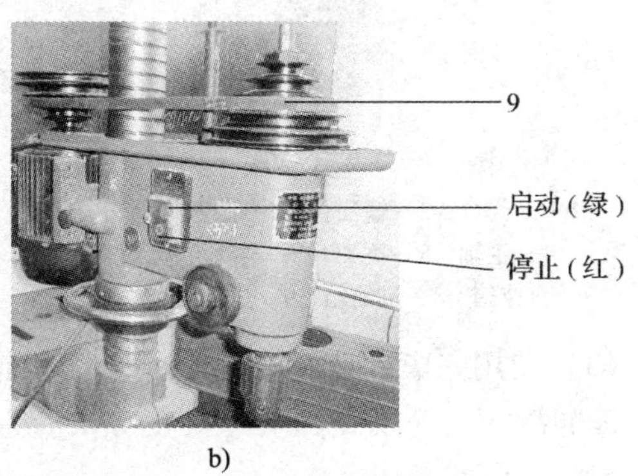

b)

图 5—6　台式钻床的结构及其传动

a）台式钻床的结构　b）台式钻床的传动

1—回转工作台　2—钻夹头（主轴）　3—进给手柄　4—防护罩　5—电动机
6—锁紧手柄　7—立柱　8—底座　9—调速带

2. 立式钻床

立式钻床的结构如图 5—7 所示。它的最大钻孔直径为 25 mm，主轴下端采用莫氏 3 号锥轴。在加工时，立式钻床可以实现九种不同的主轴转速（97 ~ 1 360 r/min）和九种不同的主轴进给量（0. 1 ~ 0. 81 mm/r）。

立式钻床除了能实现主运动和进给运动以外，还可实现两个辅助运动，分别是进给箱的升降运动和工作台的升降运动。

3. 摇臂钻床

摇臂钻床适用于加工中、小型零件，可以进行钻孔、扩孔、铰孔、锪平面以及攻制螺纹等工作。摇臂钻床的结构如图 5—8 所示。

摇臂钻床可以实现三个辅助运动，分别为：摇臂绕内立柱 360°旋转、主轴箱沿摇臂水平导轨的移动以及摇臂沿丝杠的上下移动。

4. 钻床的维护与保养

（1）在使用过程中，工作台面必须保持清洁。

（2）钻通孔时必须使钻头能通过工作台台面上的让刀孔，或在工件下面垫上垫铁，以免钻坏工作台台面。

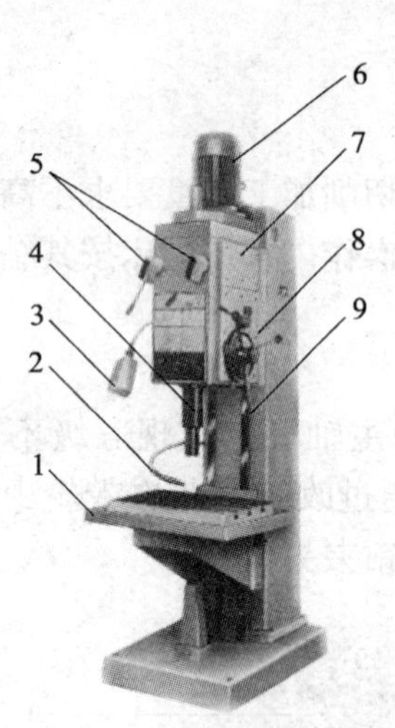

图 5—7　立式钻床

1—工作台　2—输油管　3—照明灯

4—主轴　5—拨叉　6—电动机

7—变速箱　8—进给箱　9—进给手柄

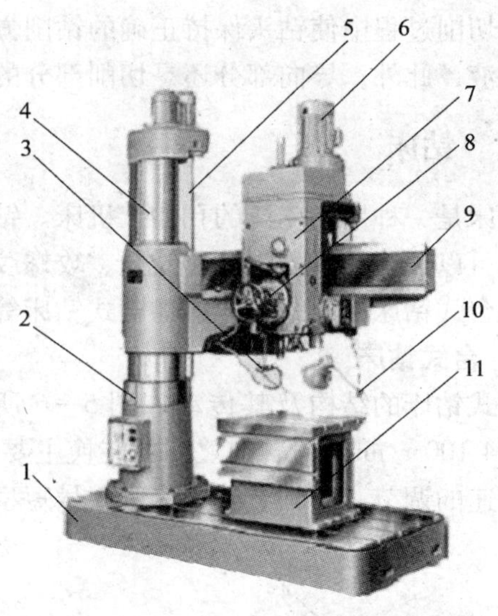

图 5—8　摇臂钻床

1—基座　2—外立柱　3—输油管　4—内立柱

5—丝杠　6—电动机　7—主轴箱　8—进给手柄

9—摇臂　10—照明灯　11—工作台

（3）使用完毕后必须将机床外露滑动面及工作台台面擦干净，并对各滑动面及各注油孔加注润滑油。

四、钻削用量的选择

1．钻削用量

钻削用量包括三个要素，即切削速度、进给量和背吃刀量。

（1）切削速度

钻削时的切削速度是指钻孔时钻头直径上任一点的线速度，用符号“v”表示，单位是 mm/min。其计算公式为：

$$v = \frac{\pi D n}{1\,000}$$

式中　D——钻头直径，mm；

n——钻床主轴转速，r/min。

（2）进给量

钻削进给量是指主轴每转一转，钻头对工件沿主轴轴线的相对移动量，用符号“f”表示，单位为 mm/r。

（3）背吃刀量

背吃刀量是指工件上已加工表面与待加工表面之间的垂直距离，如图 5—9 所示，用符号“a_p”表示。对钻削来说，背吃刀量可按下列公式计算：

$$a_p = \frac{D}{2}$$

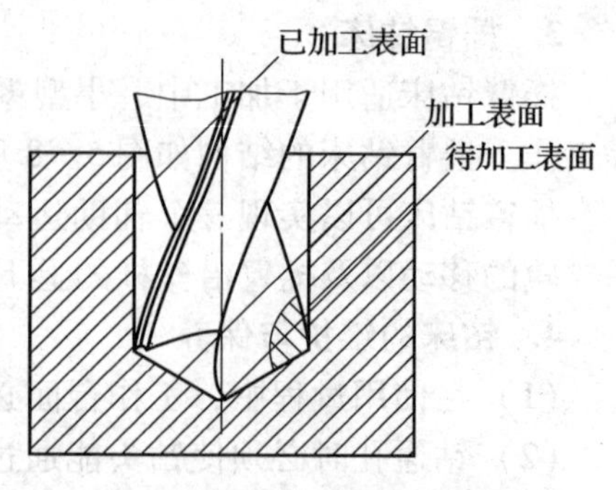

图 5—9　钻削时的加工表面

式中　D——钻头直径，mm。

2. 钻削用量的选择

（1）钻削用量的选择原则

选择钻削用量的目的是保证加工精度和表面粗糙度要求以及在保证刀具合理使用寿命的前提之下，尽可能使生产效率最高，同时不允许超过机床的功率和机床、刀具、工件等的强度和刚度的承受范围。

钻孔时，由于背吃刀量已由钻头直径决定，所以只需要选择切削速度和进给量。

对钻孔生产效率的影响，切削速度 v 和进给量 f 是相同的；对钻头使用寿命的影响，切削速度 v 比进给量 f 大；对孔的表面粗糙度的影响，进给量 f 比切削速度 v 大。综合以上影响因素，钻孔时选择切削用量的基本原则是：在允许的范围内，尽量先选择较大的进给量 f，当进给量 f 受表面粗糙度和钻头刚度的限制时，再考虑选择较大的切削速度 v。

（2）钻削用量的选择方法

1）背吃刀量的选择

在钻孔过程中，可根据实际情况先用直径为（0.5～0.7）D 的钻头进行钻底孔加工，然后用直径为 D 的钻头进行扩孔加工，这样可以减小背吃刀量以及轴向力，保护机床，同时还可以提高钻孔质量。

2）进给量的选择

孔的加工精度要求较高以及表面粗糙度值要求较小时，应选取较小的进给量；钻孔深度较大、钻头较长、钻头的刚度和强度较差时，也应选取较小的进给量。

3）钻削速度的选择

当钻头直径和进给量确定后，钻削速度应按照钻头的使用寿命选取合理的数值。当钻孔深度较大时，应选取较小的切削速度。

五、钻孔划线和工件装夹

1. 钻孔时的工件划线

按钻孔的位置尺寸要求，划出孔位的十字中心线，并打上中心样冲眼。为了便于在钻孔时检查和借正钻孔的位置，可以按加工孔的直径的大小划出孔的圆周线，对于直径较大的孔，还可以划出几个大小不等的检查圆或检查方框，如图 5—10 所示。

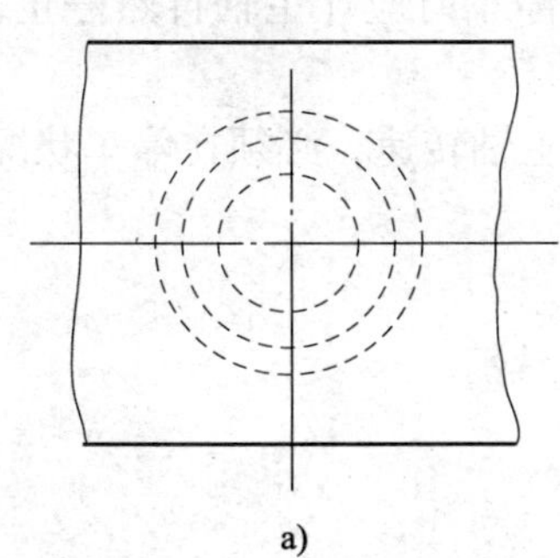

a)

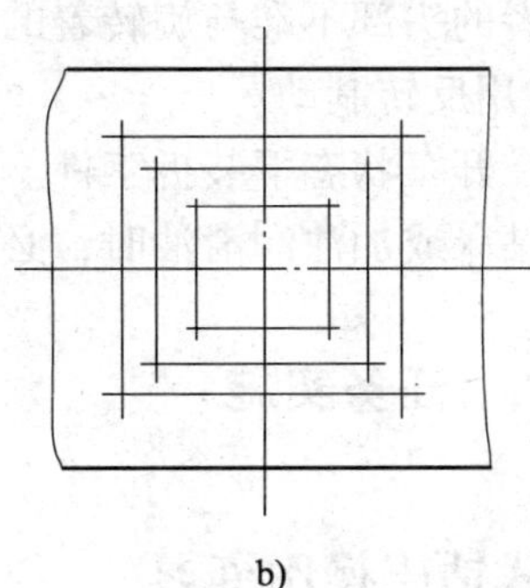

b)

图 5—10　孔的检查线形式

a）检查圆　b）检查方框

2. 工件的装夹

工件钻孔时，根据工件的形状以及钻削力的大小（或钻孔的直径）等情况，采用不同的装夹（定位和夹紧）方法，以保证钻孔的质量和安全。常用的钻孔装夹方法如图 5—11 所示。

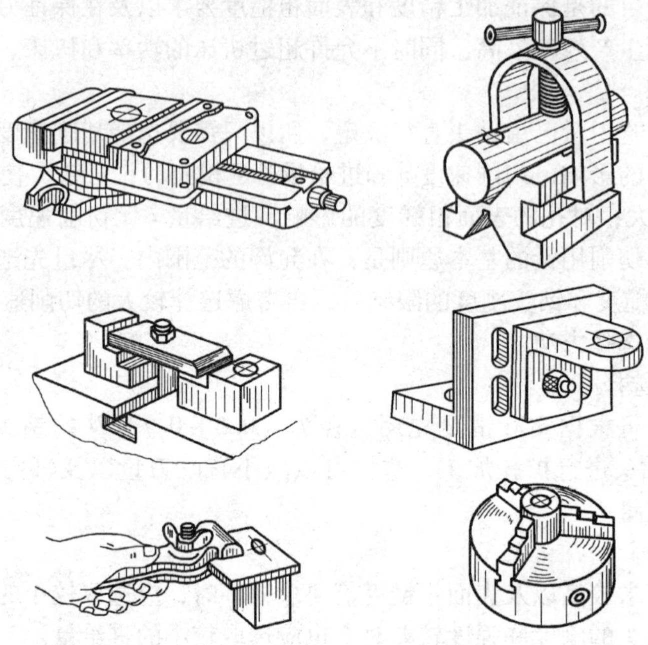

图 5—11　常用钻孔装夹方法

六、钻孔时的安全知识

1. 操作钻床时不可戴手套，袖口必须扎紧，并要戴好工作帽。

2. 工件必须夹紧，特别是在小工件上钻较大直径孔时装夹必须牢固，孔将钻穿时，要尽量减小进给力。

3. 开动钻床前，应检查是否有钻夹头钥匙或楔铁插在钻轴上。

4. 钻孔时不可用手和棉纱头或用嘴吹来清除切屑，必须用毛刷清除，钻出长条切屑时，要用钩子钩断后除去。

5. 操作者的头部不准与旋转着的主轴靠得太近，停车时应让主轴自然停止，不可用手刹车，也不能用反转制动。

6. 严禁在开车状态下装拆工件。检验工件和变换主轴转速，必须在停车状况下进行。

7. 清洁钻床或加注润滑油时，必须切断电源。

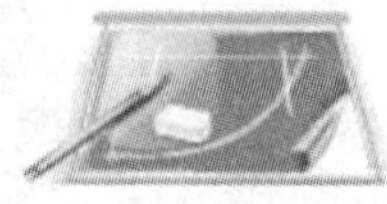

任务实施

一、台式钻床操作练习

1. 台式钻床开关操作练习

熟悉钻床各部分功能和使用方法。

2. 台式钻床转速变换练习

先松开锁紧台式钻床上安全防护罩的翼形螺母，再取下防护罩，然后用手旋松 V 带，把 V 带旋到合适的带轮轮槽中，最后重新装上防护罩，锁紧翼形螺母，如图 5—12 所示。

a)　　　b)

图 5—12　钻削速度的调整

a）取下防护罩　b）调整 V 带

3. 装夹钻头练习

先用钻钥匙逆时针松开钻夹头，然后选择合适的直柄麻花钻装进钻夹头的三个夹爪中，同时调整好麻花钻装夹长度，最后用钻钥匙顺时针锁紧，如图 5—13 所示。

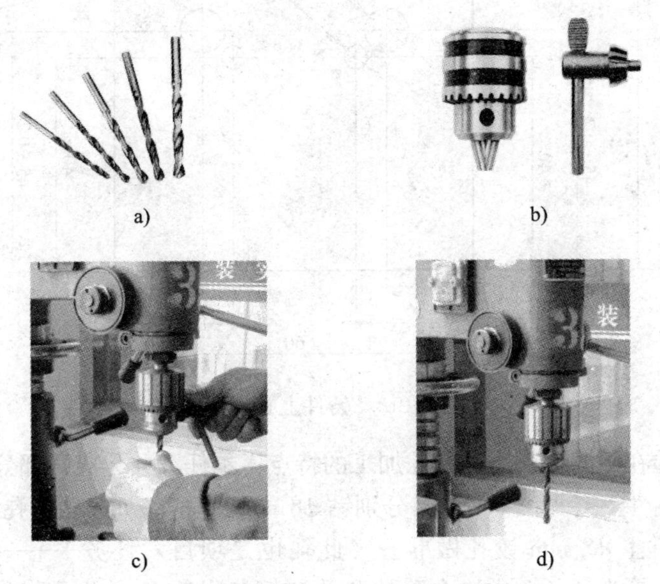

a)　　　b)

c)　　　d)

图 5—13　装夹钻头

a）直柄麻花钻　b）钻夹头与钻钥匙　c）麻花钻的夹紧　d）麻花钻安装完成

4. 台式钻床的维护和保养练习

根据钻床的维护和保养要求对台式钻床进行维护保养。

二、钻孔技能训练图

1. 学生根据图 5—14 所示的技能训练图要求，在项目四任务 3 转入钢件上分别钻 $\phi8$ mm

和 ϕ7. 8 mm 两个孔，并达到相应的技术要求。

2．学生根据图 5—15 所示的技能训练图要求，在项目四任务 2 转入铸件上分别钻两个 ϕ4 mm 和 ϕ7. 8 mm 的孔，并达到相应的技术要求。

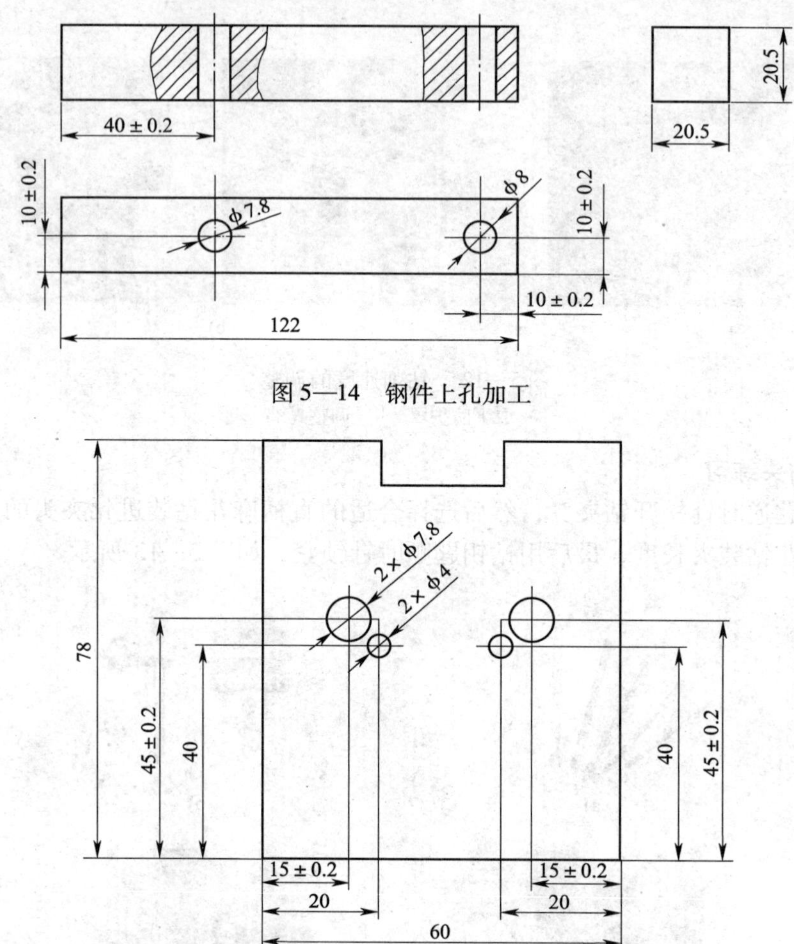

图 5—14　钢件上孔加工

图 5—15　铸件上孔加工

为了让学生体验在不同材料上进行孔加工的特点，本任务共分成两部分。第一部分是在项目四任务 3 转入的钢件上（见图 5—14）分别钻 ϕ8 mm 和 ϕ7. 8 mm 两个孔。其中 ϕ7. 8 mm 的孔是为任务 2 中钢件上 ϕ8 mm 铰孔做准备（此孔也是项目六任务 1——手锤加工螺纹孔的底孔）；ϕ8 mm 的孔是为任务 2 中锪台阶孔和孔口倒角做准备（此孔仅作练习用）。第二部分是在项目四任务 2 转入的铸件上分别钻两个 ϕ4 mm 和 ϕ7. 8 mm 的孔，目的是让学生掌握在同一种材料上加工不同直径孔时钻削用量的选择方法。其中两个 ϕ7. 8 mm 的孔是为任务 2 中两个 ϕ8 mm 铰孔做准备（此孔仅作练习用）；两个 ϕ4 mm 孔是项目六任务 2——凸字形加工中的工艺孔，该步骤也是完成项目六任务 2 的第三步。

三、操作步骤

钻孔练习，先在长方体钢件右端进行起钻及借正练习。

1. 划线

按孔的尺寸要求划出十字中心线，然后打上样冲眼，如图 5—16 所示。为了便于及时检查和借正钻孔的位置，可以划出几个大小不等的检查圆。对于尺寸位置要求较高的孔，为避免打样冲眼时产生偏差过大，可在划十字中心线的同时划出大小不等的方框，作为钻孔时的检查线。

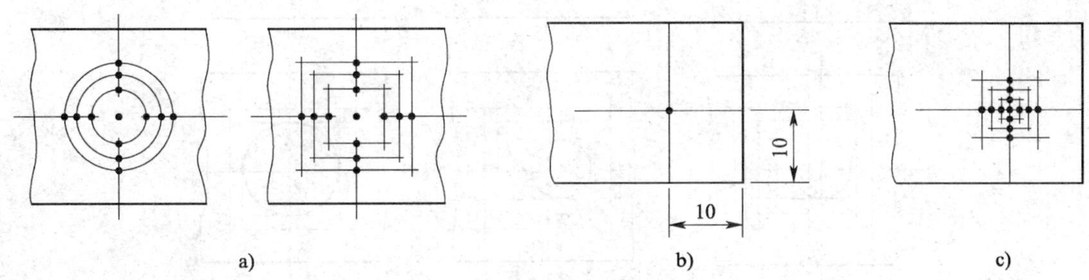

图 5—16　孔加工线的划法

a）划检查线方法　b）划出圆中心线　c）划出检查线

2. 起钻及借正

（1）起钻

前面的工作都做好后，就可准备起钻。在起钻时要先使麻花钻的钻尖对正所划中心线的样冲眼，如图 5—17a 所示。用右手操纵操作手柄，使麻花钻轻压在工件表面上，左手反转钻夹头，使钻尖对准中心样冲眼，如图 5—17b 所示。

找正后抬起操作手柄，使钻尖与工件表面距离为 10 mm 左右，启动钻床。然后左手轻扶平口钳，右手操纵操作手柄，使麻花钻对工件进行正常的切削，如图 5—17c 所示。

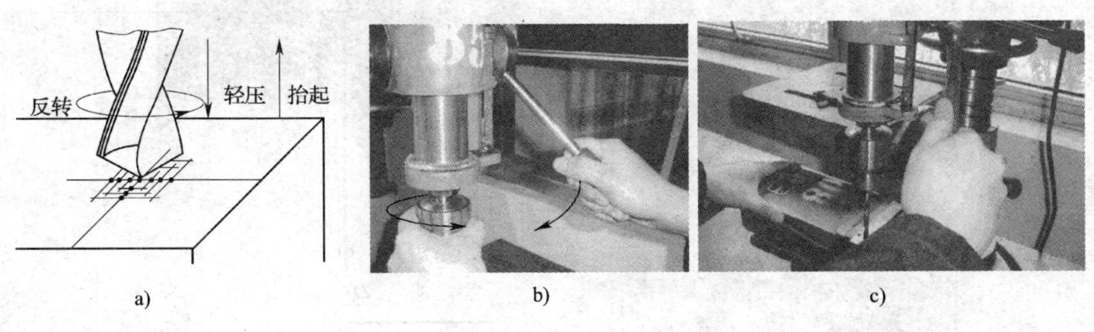

图 5—17　起钻的方法

（2）借正

钻孔时还要根据所划孔的检查线不断地借正，借正时，先使钻头对准样冲眼中心钻出一浅坑，观察钻孔位置是否正确，通过不断找正使浅坑与钻孔中心同轴。若偏位较少，可在起钻的同时用力将工件向偏位的反方向推移，逐步校正；若偏位较多，如图 5—18 所示，可在校正方向打上几个样冲眼或用油槽錾錾出几条槽，以减小此处的切削阻力，达到校正的目的。无论采用何种方法，都必须在浅坑外圆直径小于钻头直径之前完成，否则校正就困难了。

当起钻达到钻孔位置要求后，即可按要求完成钻孔。手动进给时，进给用力不应使钻头产生弯曲，以免钻孔轴线歪斜。

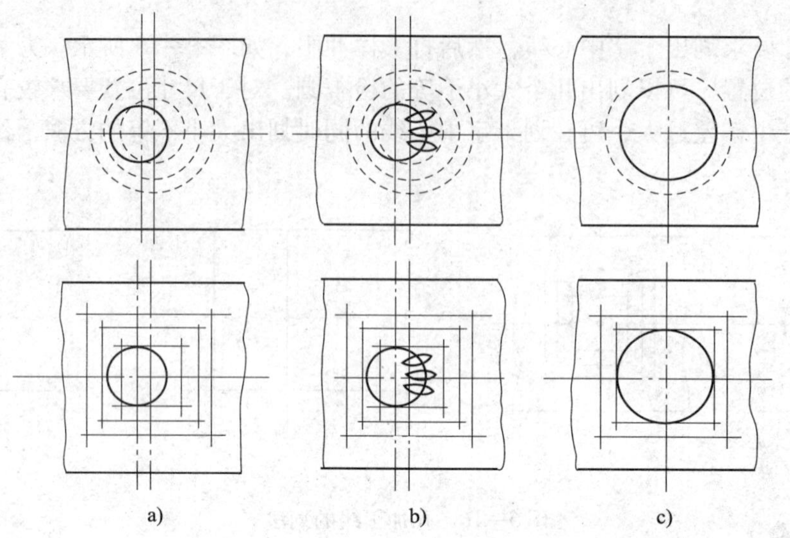

图 5—18　起钻偏位找正

a）偏离　b）錾槽校正　c）正确

（3）钢件上钻 ϕ8 mm 孔操作

按上述方法完成 ϕ8 mm 孔的加工，并检验孔边距（10 ±0.2）mm 的尺寸精度。用游标卡尺测量孔的直径，如图 5—19a 所示。用游标卡尺测量孔边距，如图 5—19b、c 所示。

最后根据图 5—19d 计算出孔边距尺寸 A、B 是否符合（10 ±0.2）mm 的尺寸精度要求。

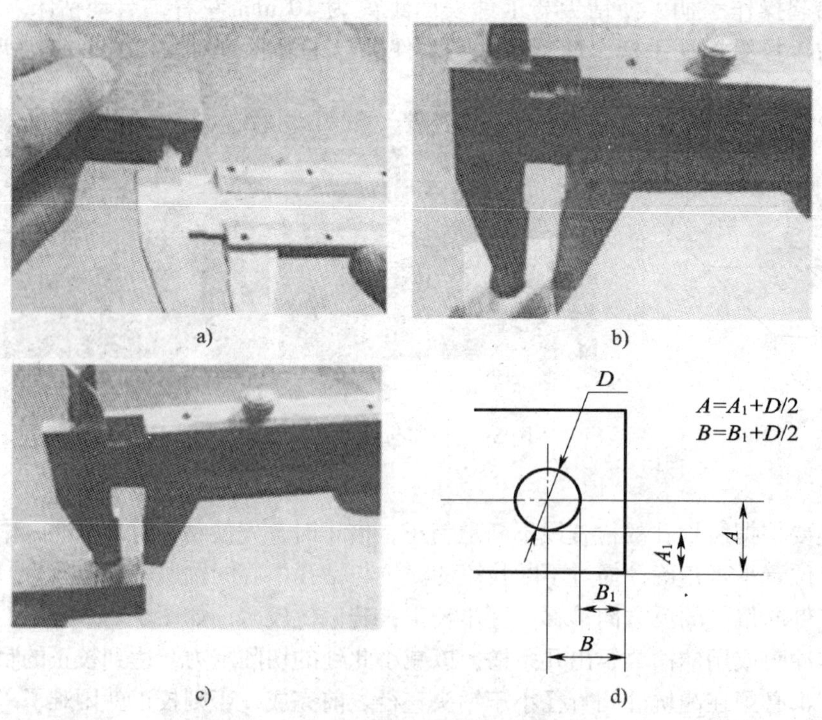

图 5—19　检测孔的精度

a）测量尺寸 D　b）测量尺寸 A_1　c）测量尺寸 B_1　d）孔边距尺寸换算

（4）钢件上钻 $\phi 7.8$ mm 孔操作

1）划线

按孔的位置尺寸（10 mm 和 40 mm）要求，划出十字中心线，同时划出大小不等的方框，作为钻孔时的检查线，然后打上样冲眼，如图 5—20 所示。

2）用 $\phi 7.8$ mm 的钻头进行钻孔，并且达到（10 ± 0.2）mm 和（40 ± 0.2）mm 尺寸精度要求，如图 5—21 所示。

图 5—20 钢件上钻 $\phi 7.8$ mm 孔的划线

图 5—21 钻 $\phi 7.8$ mm 孔

（5）铸件上钻 $\phi 4$ mm 和 $\phi 7.8$ mm 孔的操作

1）按 $\phi 4$ mm 工艺孔的位置尺寸（20 mm 和 40 mm）要求，划出十字中心线，并打上样冲眼。同时根据两个 $\phi 7.8$ mm 孔的位置尺寸（15 mm 和 45 mm）要求，划出十字中心线，然后划出大小不等的方框，作为钻孔时的检查线，最后打上样冲眼，如图 5—22 所示。

2）用 $\phi 4$ mm 的钻头加工出两个 $\phi 4$ mm 工艺孔，如图 5—23 所示。

图 5—22 $\phi 4$ mm 工艺孔和 $\phi 7.8$ mm 练习孔划线

图 5—23 钻 $\phi 4$ mm 工艺孔

3）用 $\phi 7.8$ mm 的钻头加工出两个 $\phi 7.8$ mm 练习孔，并且达到（15 ± 0.2）mm 和（45 ± 0.2）mm 尺寸要求，如图 5—24 所示。

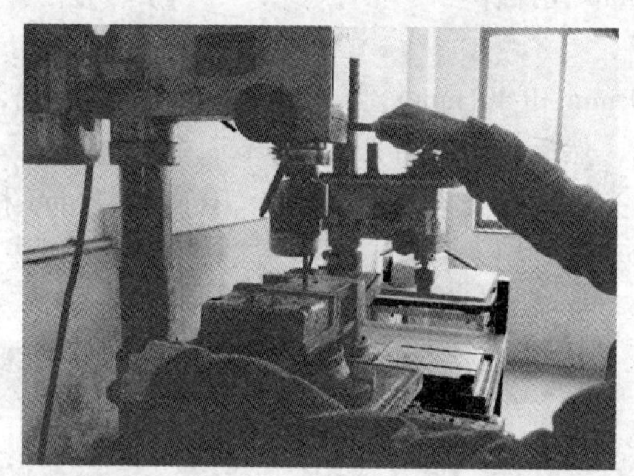

图 5—24　钻 $\phi 7.8$ mm 练习孔

四、练习记录及成绩评定

钻孔准备训练成绩评定见表 5—1。

表 5—1　　**钻孔准备训练成绩评定表**

序号	项目与技术要求	配分	检测方法	得分
1	台式钻床转速变换练习（顺序正确，动作规范）	30	目测	
2	装夹钻头、工件练习（操作正确，动作规范）	20	目测	
3	孔加工练习（起钻及借正方法正确，钻孔动作规范）	30	目测	
4	遵守工作场地规章制度和安全文明要求（有关规章制度要牢记在心）	20	笔试、问答及观察	

操作提示

1. 变换钻床转速的时候，可调节电动机的位置，适当放松传送带，以便于操作。

2. 升降台钻工作台时，应先松开锁紧工作台的锁紧螺栓，然后再把工作台调至合适的位置。

3. 工件必须夹紧，特别是在小工件上钻较大直径孔时装夹必须牢固，孔将钻穿时，要尽量减小进给力。

课后思考

1. 什么是钻孔？钻孔有什么特点？
2. 钻孔时应注意哪些安全事项？
3. 钻孔时切削用量该如何选择？
4. 简述标准麻花钻各组成部分的名称及其作用。

任务 2　扩孔、锪孔、铰孔

学习目标

1. 能进行一般孔的钻削加工，并达到一定位置精度。
2. 掌握扩孔及锪孔的方法。
3. 掌握铰孔方法。
4. 孔加工时要做到安全文明生产。

工作任务

通过在如图 5—25、图 5—26 所示工件上进行扩孔、锪孔和铰孔训练，了解扩孔钻、锪孔钻和铰刀的种类和结构特点，学会在钻床上进行扩孔及锪孔，掌握用手用铰刀在不同材料上铰孔的方法。

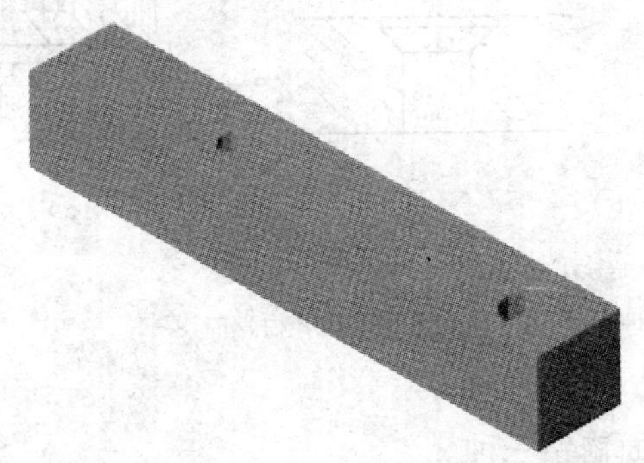

图 5—25　钢件上扩孔、锪孔和铰孔

图 5—26　铸件上铰孔

相关理论

一、扩孔

扩孔是用扩孔钻对工件上已有的孔进行扩大加工的一种孔加工方法，如图 5—27 所示。

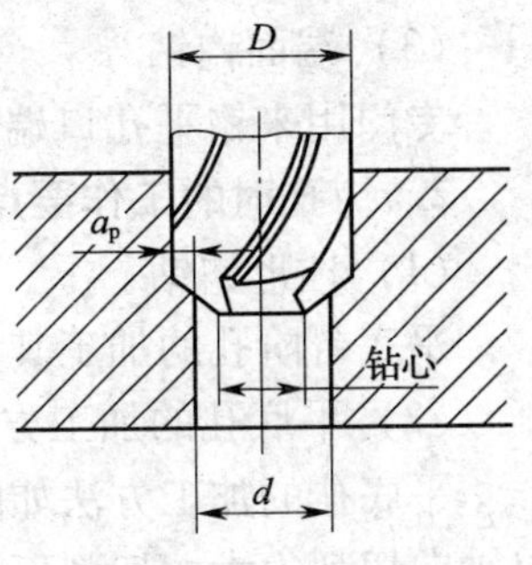

图 5—27　扩孔加工

扩孔时的背吃刀量 a_p 按如下公式计算：

$$a_p = \frac{D-d}{2}$$

式中　D——扩孔后的直径，mm；

d——工件预加工时的底孔直径，mm。

扩孔加工的特点：

1. 背吃刀量 a_p 较钻孔时大大减小，切削阻力小，切削条件大大改善。
2. 避免了横刃切削所引起的不良影响。
3. 产生的切屑体积小，排屑容易。

二、锪孔

用锪孔钻锪平孔的端面或切出沉孔的方法称为锪孔。常见的锪孔种类如图 5—28 所示。

锪孔的目的是为了保证孔端面与孔中心线的垂直度，以便与孔连接的零件在装配时，能保证外观整齐、结构紧凑，同时使装配位置正确，连接可靠。

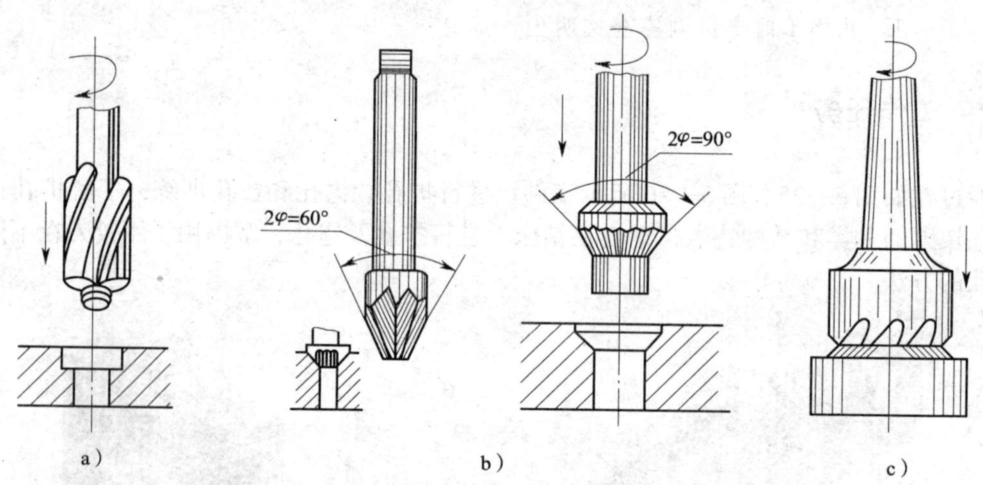

图 5—28　锪孔的种类

a）锪圆柱埋头孔　b）锪圆锥埋头孔　c）锪凸台平面或孔口端面

1. 锪钻的种类和特点

常用的锪钻有柱形锪钻、锥形锪钻和端面锪钻三种。

（1）柱形锪钻

用来加工圆柱形埋头孔的锪钻称为柱形锪钻，如图 5—28a 所示。

（2）锥形锪钻

用来加工圆锥形埋头孔的锪钻称为锥形锪钻，如图 5—28b 所示。

（3）端面锪钻

专门用来锪平孔口端面的锪钻称为端面锪钻，如图 5—28c 所示。

2. 锪孔时的工作要点

（1）柱形锪钻

平底台阶孔的加工其实就是锪孔加工，一般用柱形锪钻（见图 5—29）完成。

（2）平底孔的加工方法

平底孔的加工方法如图 5—30 所示，由于柱形锪钻在加工时是用端面刃进行切削的，所以轴向切削力大，切削不稳定。因此，为了减小切削量，一般都用相同直径的麻花钻进行扩孔，最后用柱形锪钻把孔底锪平。

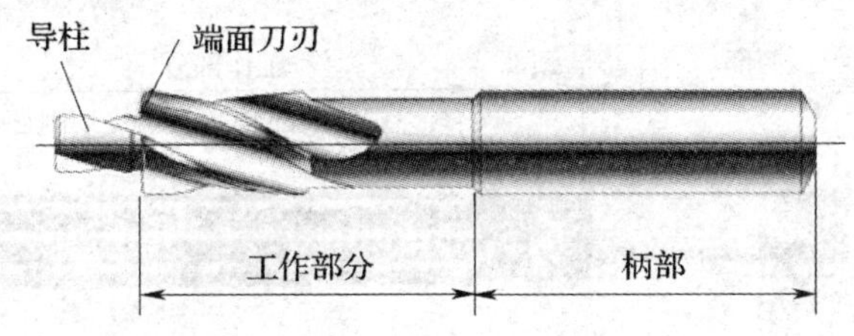

图 5—29　柱形锪钻

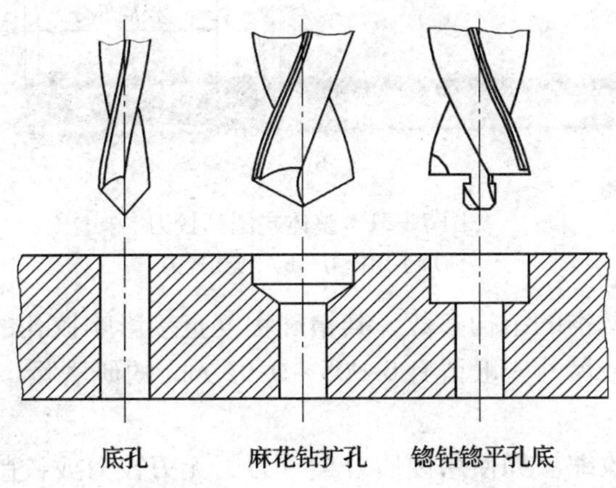

图 5—30　平底孔加工方法

3. 锪孔时的注意事项

锪孔时存在的主要问题是所锪的端面或锥面会出现振痕，使用麻花钻改磨的锪钻锪孔，振痕尤为严重。因此在锪孔时应注意以下事项：

（1）锪孔时，进给量为钻孔时的 2 ~ 3 倍，切削速度为钻孔时的 1/3 ~ 1/2。精锪时，往往利用钻床停车后主轴的惯性来锪孔，以减少振动从而获得光滑的加工表面。

（2）尽量选用较短的钻头来改磨成锪钻，并注意修磨前面，减小前角，以防止扎刀和振动现象的产生。还应选用较小的后角，防止加工出现倒角多边形（或多角形）。

（3）加工塑性材料时，因产生的切削热量比较大，加工过程中应在导柱和切削表面之间加注切削液。

三、铰孔

用铰刀从工件孔壁上切除微量金属层，以提高其尺寸精度和降低表面粗糙度值的方法，称为铰孔。由于铰刀的刀齿数量多，切削余量小，所以，铰削时产生的切削阻力小，导向性好，故加工精度高，一般可以达到 IT7 ~ IT9 级，表面粗糙度值可以达到 Ra 1.6 μm。

1. 铰刀的种类及结构特点

铰刀的种类很多，钳工常用的有以下几种：

（1）整体式圆柱铰刀

整体式圆柱铰刀主要用来铰削标准直径系列的孔。整体式圆柱铰刀分为机用铰刀和手用铰刀两种，其结构如图 5—31 所示。

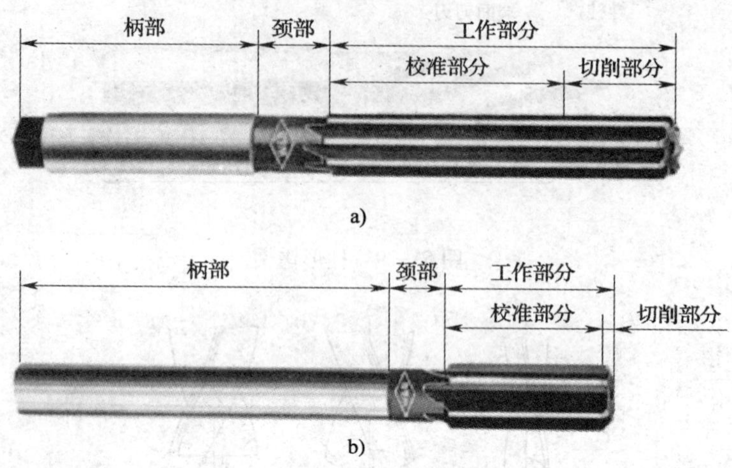

图 5—31　整体式圆柱铰刀

a）手用铰刀　b）机用铰刀

铰刀的直径是其最基本的结构参数，其精确程度直接影响铰孔的精度。标准铰刀按直径公差分 1、2、3 号，直径尺寸一般留有 0.005 ~ 0.02 mm 的研磨量，供使用者按需要尺寸进行研磨。

铰孔后孔径可能会收缩。如使用硬质合金铰刀、无刃铰刀或铰削硬材料时，挤压比较严重，铰孔后由于材料弹性复原而使孔径缩小。铰铸铁孔时加注煤油润滑，由于煤油的渗透性较强，铰刀与工件之间形成的油膜产生挤压作用，也会使铰孔后孔径缩小。目前收缩量的大小尚无统一规定，一般应根据实际情况来确定铰刀直径。

铰孔后的孔径也有可能扩张。影响扩张量的因素很多，情况也比较复杂。如确定铰刀直径时无把握，最好通过试铰，按实际情况修正铰刀直径。

机用铰刀一般采用高速钢制作，手用铰刀一般采用高速钢或高碳钢制作。

（2）可调节式手用铰刀

在单件生产和修配工作中常常需要铰削少量非标准孔，这时则应使用可调节式手用铰刀，如图 5—32 所示。

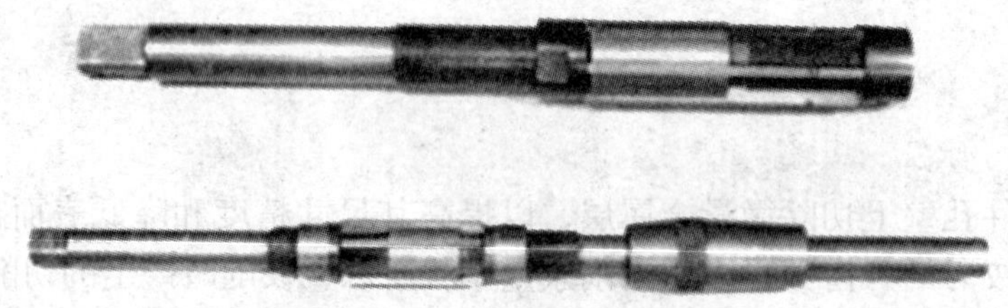

图 5—32　可调节式手用铰刀

可调节式手用铰刀的结构如图 5—33 所示，其刀体上开有斜底槽，具有同样斜度的刀片可放置在槽内，用调整螺母和压圈压紧刀片的两端。调节调整螺母，可使刀片沿斜底槽移动，即能改变铰刀的直径，用以适应加工不同孔径的需要。加工孔径的范围为 6.25 ~ 44 mm，直径的调节范围为 0.75 ~ 10 mm。

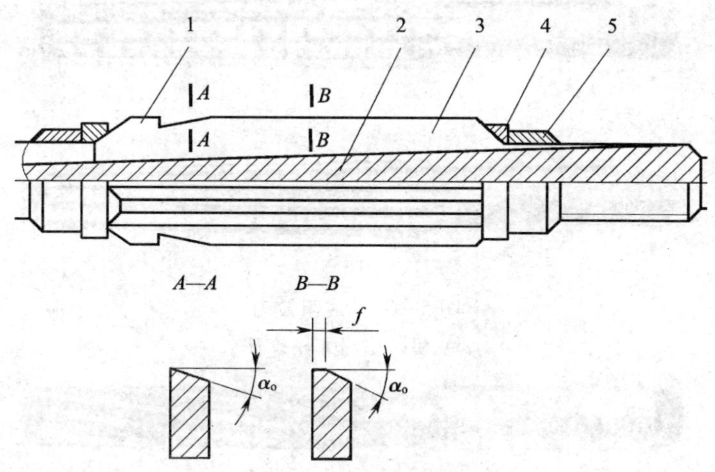

图 5—33　可调节式手用铰刀的结构

1—引导部分　2—刀体　3—刀片　4—压圈　5—调整螺母

可调节式手用铰刀，刀体用 45 钢制作，直径小于或等于 12.75 mm 的刀片用合金工具钢制作，直径大于 12.75 mm 的刀片用高速钢制作。

（3）锥铰刀

锥铰刀用于铰削圆锥孔，常用的有以下几种：

1）1∶50 锥铰刀

1∶50 锥铰刀主要用来铰削圆锥定位销孔，其结构如图 5—34 所示。

图 5—34　1∶50 锥铰刀

2）1∶10 锥铰刀

1∶10 锥铰刀是用来铰削联轴器上锥孔的铰刀。

3）莫氏锥铰刀

莫氏锥铰刀是用来铰削 0 ~ 6 号莫氏锥孔的铰刀，其锥度近似于 1∶20。

4）1∶30 锥铰刀

1∶30 锥铰刀是用来铰削套式刀具上锥孔的铰刀。

用锥铰刀铰孔时，由于加工余量大，整个刀齿都作为切削刃进入切削，切削负荷大，所以，在切削加工过程中，每进刀 2 ~ 3 mm 应将铰刀取出一次，以清除切屑。1∶10 锥孔和莫氏锥孔的锥度大，加工余量更大，为了使铰削省力，这类铰刀一般制成 2 ~ 3 把一套，其中一把是精铰刀，其余是粗铰刀，如图 5—35 所示。粗铰刀的刀刃上开有螺旋形分布的分屑槽，有分屑导向的作用，从而可减轻切削负荷。

（4）螺旋槽手用铰刀

用普通直槽铰刀铰削带有键槽的孔时，因为刀刃会被键槽棱边钩住，从而造成铰削无法进行，因此，必须采用螺旋槽手用铰刀，如图 5—36 所示。

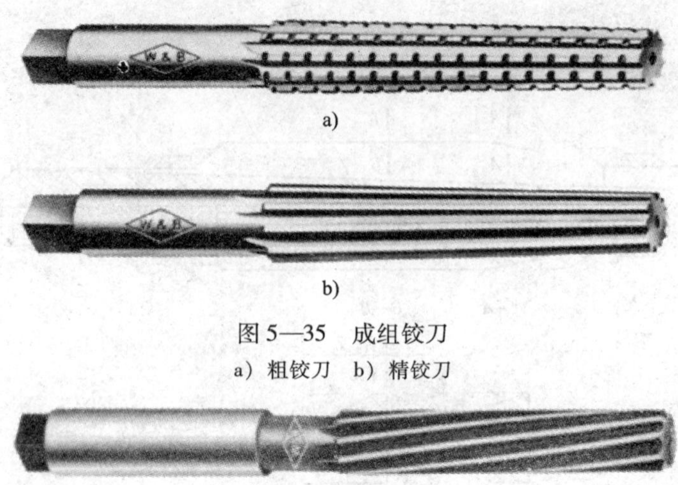

图 5—35　成组铰刀

a）粗铰刀　b）精铰刀

图 5—36　螺旋槽手用铰刀

使用螺旋槽手用铰刀铰孔时，铰削阻力沿圆周均匀分布，铰削平稳，铰出来的孔壁表面光滑。一般螺旋槽的方向是左旋，以避免铰削时因铰刀的正向转动而产生自动旋进的现象，同时，左旋刀刃容易使切屑向下移动，易将切屑推出孔外。

2. 铰削用量

铰削用量包括铰削余量（$2a_p$）、切削速度（v）和进给量（f）。

（1）铰削余量（$2a_p$）

铰削余量是指上道工序（钻孔或扩孔）完成后留下的直径方向的加工余量。铰削余量不宜过大，因为铰削余量过大会使刀齿切削负荷增大，变形增大，切削热增加，被加工表面呈撕裂状态，致使尺寸精度降低，表面粗糙度值增大，同时加剧铰刀的磨损。铰削余量也不宜过小，否则，上道工序的残留变形难以纠正，原有刀痕不能去除，铰削质量达不到要求。

选择铰削余量时，应考虑孔径的大小、材料的软硬程度、加工尺寸精度、表面粗糙度要求以及铰刀的类型等诸多因素的综合影响。用普通标准高速钢铰刀铰孔时，可参考表 5—2 选取。

表 5—2　　**铰削余量**　　mm

铰孔直径	<5	5 ~ 20	21 ~ 32	33 ~ 50	51 ~ 70
铰削余量	0.1 ~ 0.2	0.2 ~ 0.3	0.3	0.5	0.8

此外，铰削余量的确定与上道工序的加工质量有直接的关系。对铰削前预加工孔时出现的弯曲、锥度、椭圆和不光洁等缺陷，应有一定限制。铰削精度较高的孔时，必须经过扩孔或粗铰工序，才能保证最后的铰孔质量。所以确定铰削余量时，还要考虑铰孔的工艺过程。

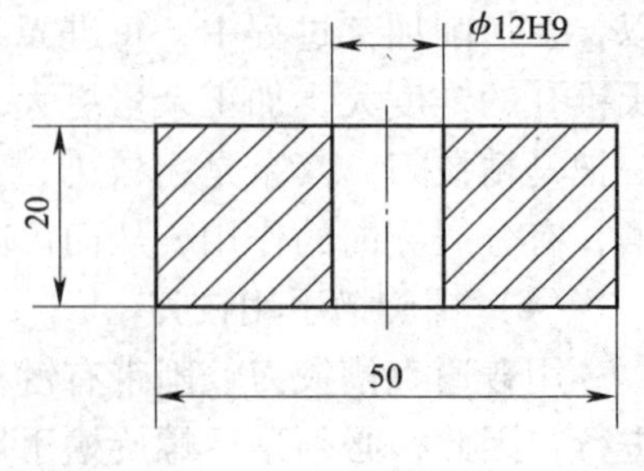

图 5—37　加工孔举例

例　如图 5—37 所示，在厚度为 20 mm 的 Q235 钢板上加工一个通孔，要求保证孔径为 ϕ12H9，试确定其加工步骤，并选择相应的刀具规格。

解：通过分析，加工该孔的步骤及相应的刀具规格见表5—3。

表5—3　　例题零件的孔加工步骤及刀具规格

序号	步骤	刀具规格	说明
1	钻底孔	ϕ6～8.4 mm 普通麻花钻	根据公式（0.5～0.7）*D* 计算得出结果，式中 *D* 为所加工孔的直径，这里为 ϕ12 mm
2	扩孔	（ϕ11.7～11.8 mm）扩孔钻	根据表5—2选择铰削余量为0.2～0.3 mm，再根据式 *D*－（0.2～0.3）算出结果，式中 *D* 为所加工孔的直径，这里为 ϕ12 mm
3	铰孔	ϕ12H9 整体式圆柱铰刀	直接按孔的加工要求选择铰刀

（2）机铰切削速度（v）

为了得到较小的表面粗糙度值，必须避免产生积屑瘤，减少切削热和变形，因而应采取较小的切削速度。采用高速钢铰刀铰削钢件时，选择 $v=4\sim8$ m/min；铰削铸铁件时，选择 $v=6\sim8$ m/min；铰削铜件时，选择 $v=8\sim12$ m/min。

（3）机铰进给量（f）

进给量要适当，过大铰刀容易磨损，也影响加工质量，过小则很难切下金属材料，形成对材料的挤压，使其产生塑性变形和表面硬化，最后致使刀刃撕去大片切屑，使表面粗糙度值增大，并加快铰刀磨损。

机铰钢件及铸铁件时，$f=0.5\sim1$ mm/r；机铰铜件或铝件时，$f=1\sim1.2$ mm/r。

3. 铰削操作方法

（1）手用铰刀装夹在铰杠上。

（2）在手铰铰削前，可采用单手对铰刀施加压力，所施压力必须通过铰孔轴线，同时转动铰刀起铰，如图5—38所示。正常铰削时，两手用力要均匀，平稳地旋转，不得有侧向压力，同时适当加压，使铰刀均匀地进给，如图5—39所示，以保证铰刀正确切削，获得较小的表面粗糙度值，并避免孔口形成喇叭形或将孔径扩大。

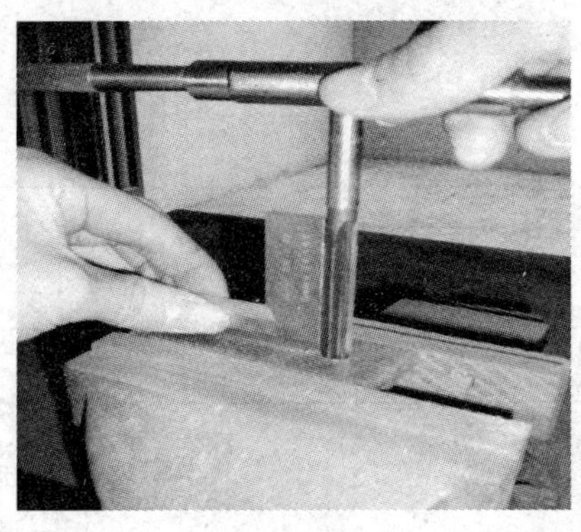

图5—38　起铰方法

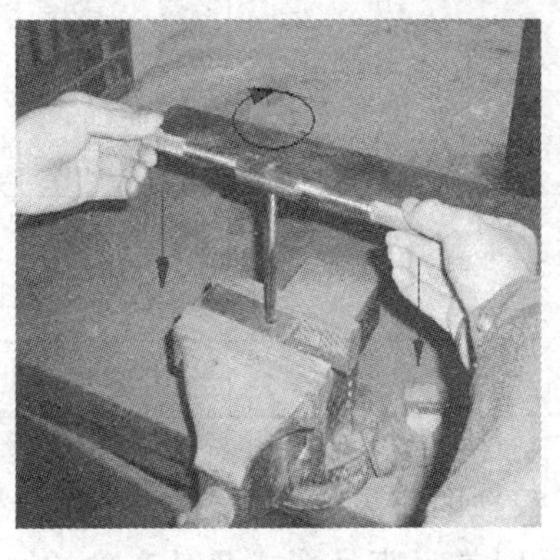

图5—39　铰削方法

（3）铰刀铰孔或退出铰刀时，铰刀均不能反转，以防止刃口磨钝或将切屑嵌入刀具后面与孔壁之间，将孔壁划伤。

（4）机铰时，应使工件一次装夹完成钻、铰操作，以保证铰刀中心线与钻孔中心线一致。铰削完毕后，要等铰刀退出后再停车，以防止将孔壁拉出痕迹。

（5）铰削尺寸较小的圆锥孔时，可先按小端直径钻出圆柱底孔，要求留有一定的铰削余量，然后再用锥铰刀铰削即可。对尺寸和深度较大的锥孔，为了减小铰削余量，铰孔前可先钻出阶梯孔，如图5—40所示，然后再用铰刀铰削。铰削过程中要经常用与之相配的圆锥销来检验铰孔的尺寸，如图5—41所示。

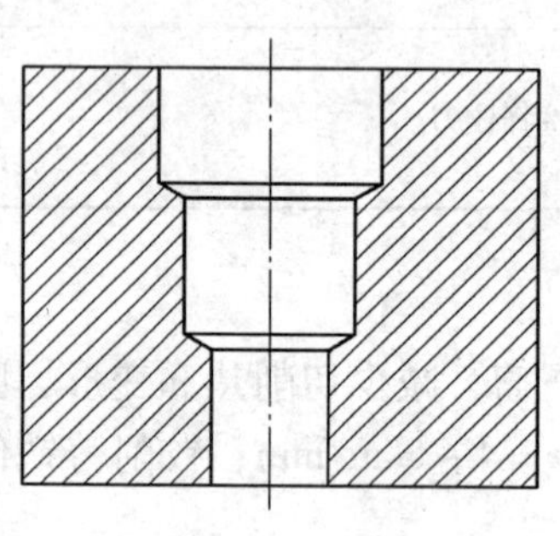

图5—40 阶梯孔

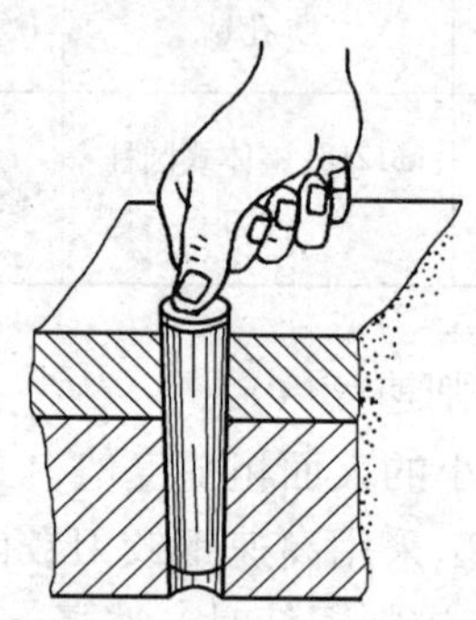

图5—41 用圆锥销检查铰孔尺寸

（6）铰削时必须选用适当的切削液来减小摩擦并降低刀具和工件的温度，防止产生积屑瘤并避免切屑细末黏附在铰刀刀刃上以及孔壁和铰刀刃之间，从而减小加工表面的表面粗糙度值与孔的扩大量。

铰削时切削液的选择见表5—4。

表5—4 铰孔时切削液的选择

加工材料	切削液
钢	①10%～20%乳化液 ②30%工业植物油加70%浓度为3%～5%的乳化液 ③工业植物油
铸铁	①不用 ②煤油（但会引起孔径缩小） ③3%～5%的乳化液
铝	①煤油 ②5%～8%乳化液
铜	5%～8%乳化液

4. 铰孔时常见的弊病分析

铰孔时常见废品形式及其产生的原因见表5—5。

表 5—5　　铰孔时常见废品的形式及其产生的原因

废品形式	产生原因
表面粗糙度达不到要求	①铰刀刃口不锋利或有崩裂，铰刀切削部分和校准部分不光洁 ②切削刃上粘有积屑瘤，容屑槽内切屑粘积过多 ③铰削余量太大或太小 ④切削速度太高，以致产生积屑瘤 ⑤铰刀退出时反转，手铰时铰刀旋转不平稳 ⑥切削液不充足或选择不当 ⑦铰刀偏摆过大 ⑧加工某些材料时，采用前角 $\gamma = 0°$ 或负前角铰刀
孔径扩大	①铰刀与孔的中心不重合，铰刀偏摆过大 ②进给量和铰削余量太大 ③切削速度太高，使铰刀温度上升，直径增大 ④铰刀直径不符合要求
孔径缩小	①铰刀超过磨损标准，尺寸变小仍继续使用 ②铰刀磨钝后再使用，而引起过大的孔径收缩 ③铰削钢料时加工余量太大，铰削完毕后内孔弹性恢复使孔径缩小 ④铰削铸铁时使用煤油作为切削液
孔中心不直	①铰孔前的预加工孔不直，铰削小孔时由于铰刀钢度较差，而未能使原有的弯曲度得到纠正 ②铰刀的切削锥角太大，导向不良，使铰削时方向偏歪 ③手铰时，两手用力不均匀
孔呈多棱形	①铰削余量太大和铰刀刀刃不锋利，铰削时发生“啃切”现象，或发生振动而出现多棱形 ②钻孔不圆，使铰孔时铰刀发生弹跳现象 ③钻床主轴振摆太大

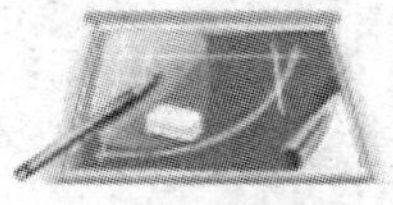

任务实施

一、技能训练图

1. 学生根据图 5—42 所示的技能训练图要求，在任务 1 完成的基础上对 $\phi8$ mm 孔进行锪孔加工，加工至 $\phi12$ mm，深度为（8 ± 0.5）mm，并锪 90°倒口，对 $\phi7.8$ mm 孔进行铰孔加工，加工至 $\phi8^{+0.022}_{0}$ mm，铰孔质量检测完毕再对 $\phi8^{+0.022}_{0}$ mm 的孔进行扩孔加工，加工至 $\phi8.5$ mm，并对孔口进行 $C1.5$ mm 倒角加工，为下一任务中攻螺纹做准备。

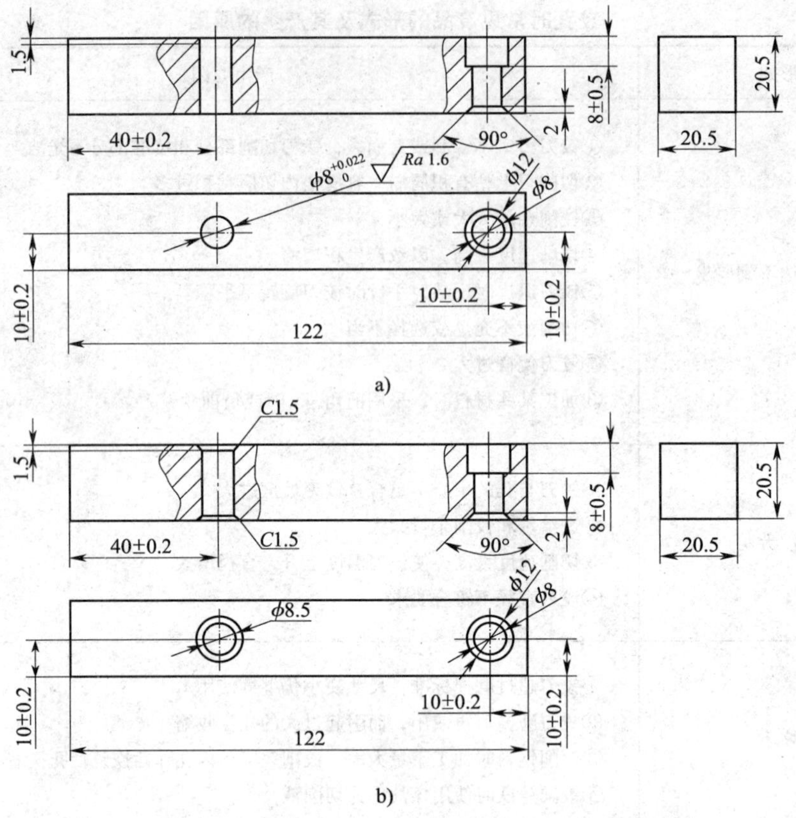

图 5—42 钢件上扩孔、锪孔和铰孔技能训练图

2. 学生根据图 5—43 所示的技能训练图要求，在任务 1 完成的基础上对铸件上的两个 $\phi 7.8$ mm 孔进行铰孔加工。

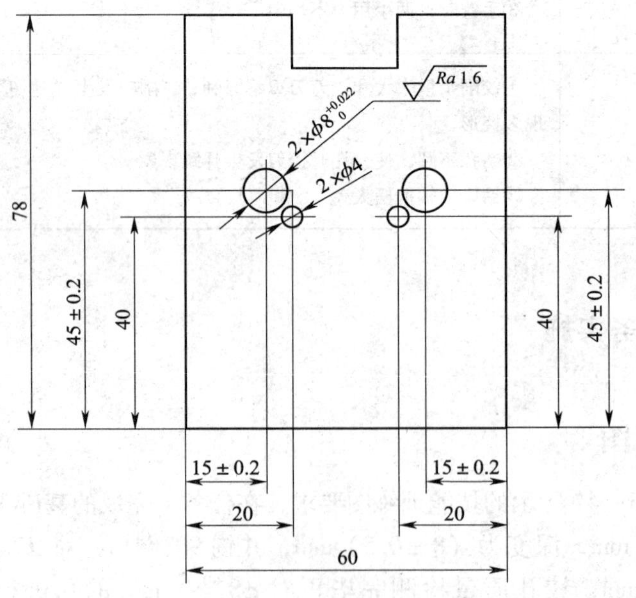

图 5—43 铸件上铰孔技能训练图

二、操作准备

1. 工具和量具：ϕ12 mm 麻花钻、ϕ12 mm 锪孔钻、ϕ 8H7 整体式圆柱铰刀、ϕ8H8 塞规、ϕ12 mm 90°倒角钻、游标卡尺等，如图 5—44 所示。

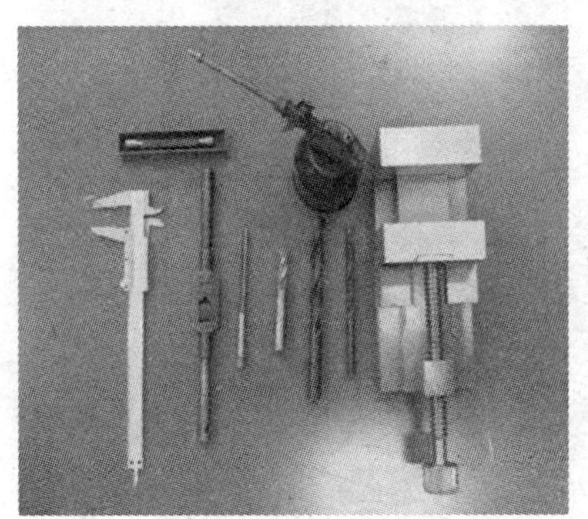

图 5—44 扩孔、锪孔和铰孔操作准备图

2. 辅助工具：平口钳、铰杠、切削液及涂料等。

3. 材料：由任务 1 转下。

三、操作步骤

1. 钢件上锪 ϕ12 mm、深度为（8 ±0.5）mm 的平底台阶孔操作

在加工平底台阶孔时，先换上 ϕ12 mm 的麻花钻，把台钻的调速带调至第五挡。用起钻找正的方法，使麻花钻与已加工孔 ϕ8 mm 同轴，如图 5—45 所示。

图 5—45 起钻来找正与底孔的操作

在用麻花钻扩孔时可用钻床上的标尺对深度进行控制。控制的方法如图 5—46a 所示，当麻花钻抵住孔口时，使标尺上的螺母与指示缺口间的距离为 8 mm。启动钻床钻孔，由于螺母的限位作用，钻孔深度只能是所调螺母的高度。

扩孔结束后，换上柱形锪钻，并使钻床保持最低挡钻速，检查无误后就可以开始锪孔。由于钻床的标尺只能提供大致的尺寸，精度不高，所以锪孔时还要经常测量孔的深度尺寸，测量的方法如图 5—46b 所示，这样边锪孔边测量可以保证锪孔深度尺寸，完成零件的加工。

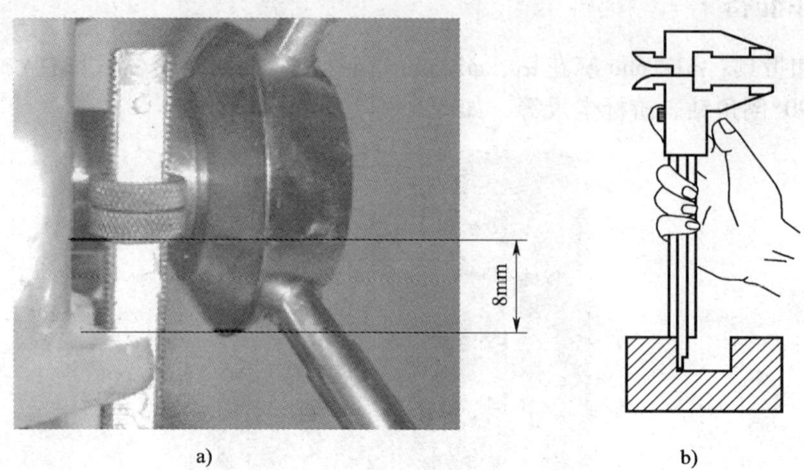

图 5—46　深度尺寸的控制

2. 孔口进行 90°倒角操作

钻完孔以后，需对孔口进行倒角。倒角时先换上 ϕ12 mm 的麻花钻，麻花钻的顶角应为 90°，如图 5—47a 所示。用起钻时找正的方法让麻花钻与已加工出的孔同轴，在麻花钻接触到工件时，使台钻的标尺螺母与指示缺口间的距离为 2 mm，然后启动钻床，使麻花钻切削下 2 mm，这样就完成了一个孔口的倒角加工，如图 5—47b 所示。孔口倒角主要是为了去除孔口毛刺，没有较高的精度要求，以后随着加工的熟练，可用目测的方法确定倒角深度。

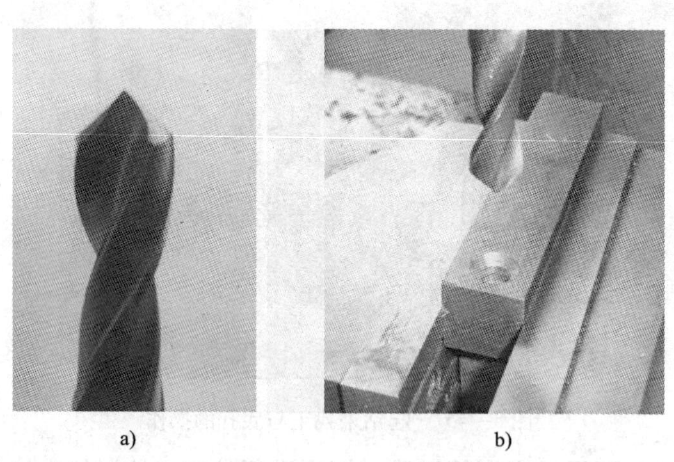

图 5—47　孔口倒角

a）90°倒角钻　b）倒角

3. 对不同材料上的三个 ϕ7.8 mm 孔进行铰孔操作

（1）用 ϕ8H7 mm 整体式圆柱铰刀分别在钢件上和铸件上进行铰孔练习，要求铰孔的孔壁表面粗糙度值达到 *Ra* 1.6 μm，如图 5—48 所示。

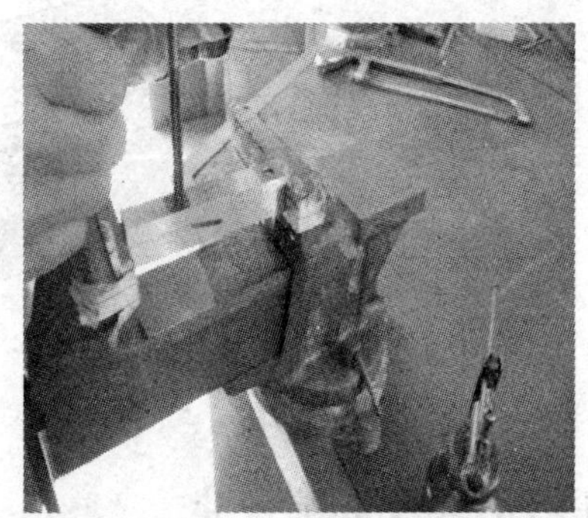

图 5—48　钢件上和铸件上进行铰孔练习

（2）铰孔质量的检验。用游标卡尺对钢件上的孔边距尺寸（10 ±0.2）mm、（40 ±0.2）mm 和铸件上的孔边距尺寸（15 ±0.2）mm、（45 ±0.2）mm 进行检验。而孔径 $\phi 8^{+0.022}_{0}$ mm 的检验一般用 ϕ8H8 塞规（定尺寸专用量具）进行测量和检验。

如图 5—49 所示为常见塞规的形状，在它的两端分别有两个圆柱体，一端尺寸略长，一端尺寸略短，长的一端称为通端，而短的一端称为止端，所以塞规也称为止通规。通端的直径为所测孔的最小极限尺寸，止端的直径为最大极限尺寸。

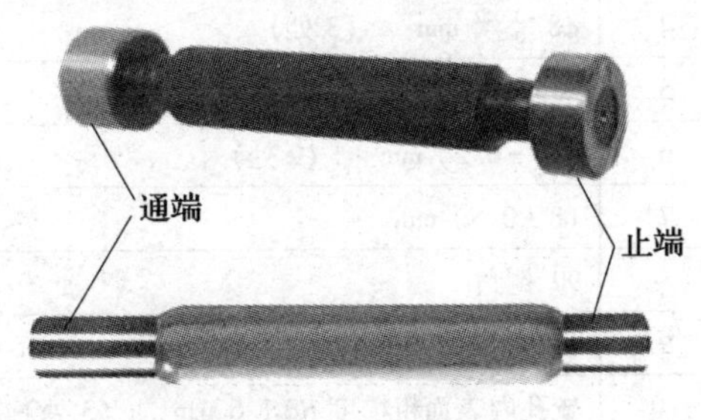

图 5—49　塞规

在本任务中用来检验孔径的塞规通端尺寸为 ϕ8 mm，止端尺寸为 ϕ8.022 mm。检验方法如图 5—50 所示，如果通端能进入孔中，而止端不能进入孔中，表明该孔的孔径在 8 ~ 8.022 mm 范围之内，孔径合格；如果通端不入，表明孔径太小，不合格；如果止端能塞入，表明孔径太大，也不合格。

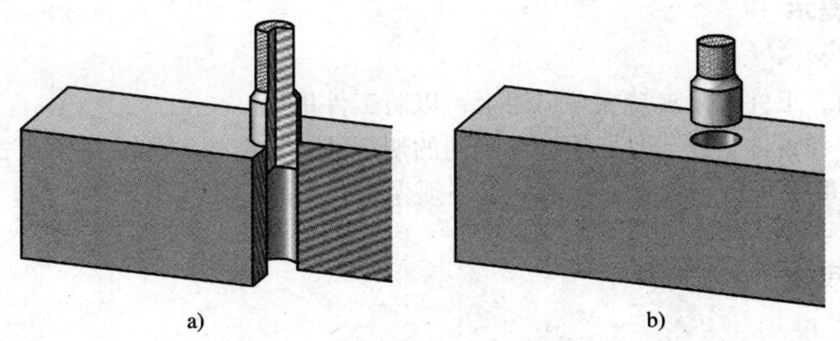

图 5—50　铰孔质量的检验

a）通端进入　b）止端不入

4．对钢件上 $\phi 8^{+0.022}_{0}$ mm 孔进行扩孔操作

用 ϕ8.5 mm 锪孔钻对钢件上 $\phi 8^{+0.022}_{0}$ mm 进行扩孔，并用 ϕ12 mm 的麻花钻对两孔口倒角，倒角尺寸为 $C1.5$ mm，如图 5—51 所示。

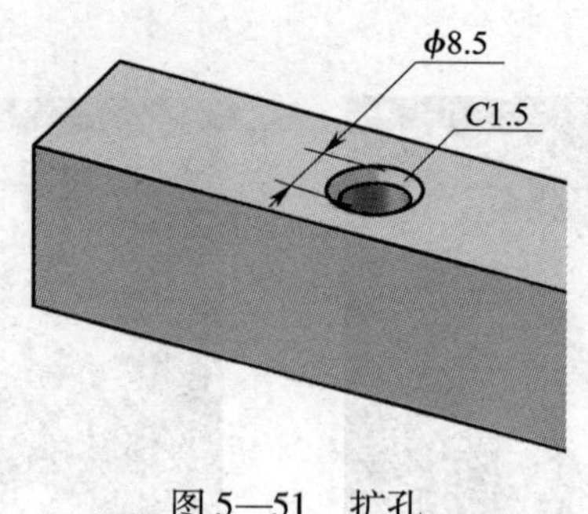

图 5—51　扩孔

四、练习记录及成绩评定

扩孔、锪孔和铰孔训练成绩评定见表 5—6。

表 5—6　　扩孔、锪孔和铰孔训练成绩评定表

序号	项目与技术要求	配分	检测方法	得分
1	扩孔、锪孔和铰孔操作（姿势正确，动作规范）	8	目测	
2	（10 ±0.2）mm　（3 处）	24	游标卡尺测量	
3	（40 ±0.2）mm	10	游标卡尺测量	
4	$\phi8^{+0.022}_{0}$ mm　（3 处）	12	塞规检测	
5	（15 ±0.2）mm　（2 处）	12	游标卡尺测量	
6	（45 ±0.2）mm　（2 处）	12	游标卡尺测量	
7	（8 ±0.5）mm	8	游标卡尺测量	
8	90°倒角	4	目测	
9	倒角 $C1.5$ mm	4	目测	
10	铰孔内表面粗糙度 Ra 1.6 μm　（3 处）	6	与标准样板比较	

操作提示

1. 扩孔时，工件必须夹持在平口钳上，以防工件甩出。
2. 在钢件和铸件上铰孔时必须选用不同的切削液，才能达到相关的铰孔要求。
3. 用 ϕ8H8 塞规进行测量和检验时，必须先将孔中的切屑清理干净。

课后思考

1. 扩孔加工时，切削用量的选择应注意哪些要求？
2. 什么是锪孔？锪孔的形式有哪些？锪孔的目的是什么？
3. 锪孔存在的主要问题是什么？锪孔加工时有哪些注意事项？
4. 什么是铰孔？铰孔有什么特点？
5. 为什么铰削余量不能留得太大或太小？
6. 铰刀有哪些种类？

任务3　攻螺纹和套螺纹

学习目标

1. 了解攻螺纹使用的工具：丝锥、铰杠。
2. 掌握攻螺纹时底孔直径的确定方法。
3. 熟悉螺纹加工的基本过程，保证攻螺纹的垂直度。
4. 了解套螺纹使用的工具：圆板牙、板牙架。
5. 掌握套螺纹前圆杆直径的确定方法。
6. 熟悉套螺纹的方法，保证牙形完整。

工作任务

通过在如图5—52所示工件上进行攻螺纹和套螺纹训练，学会正确使用攻螺纹、套螺纹的常用工具进行内、外螺纹加工，掌握攻螺纹、套螺纹的基本操作技能。

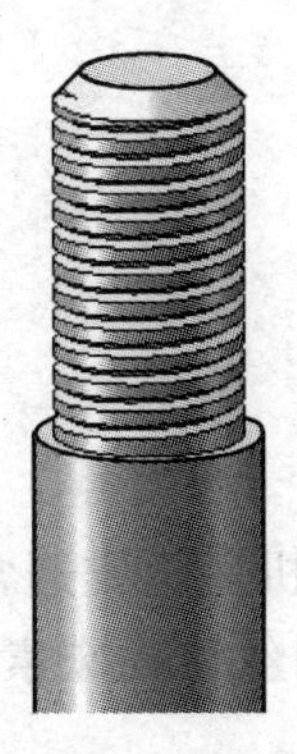

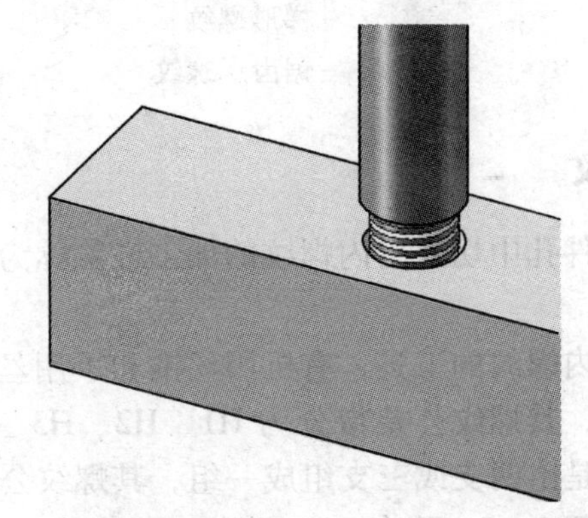

图5—52　内、外螺纹加工

相关理论

一、螺纹

1. 螺纹的定义

在圆柱或圆锥表面上，沿着螺旋线所形成的具有规定牙型的连续凸起称为螺纹，如图5—53所示。在圆柱或圆锥外表面上所形成的螺纹称为外螺纹，在圆柱或圆锥内表面上所形成的螺纹称为内螺纹。

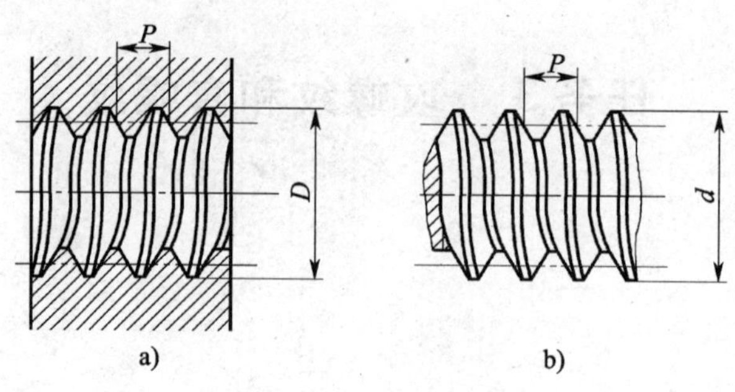

图 5—53　螺纹

a）内螺纹　b）外螺纹

2. 螺纹的种类

钳工加工的多为三角螺纹，作为连接用。螺纹的种类很多，有标准螺纹、特殊螺纹和非标准螺纹。其中以标准螺纹最常用，它包括以下种类：

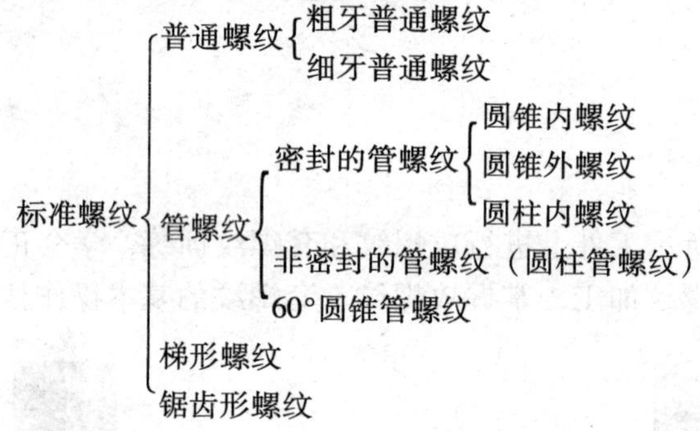

二、攻螺纹

用丝锥在工件孔中切削出内螺纹的加工方法称为攻螺纹。

1. 丝锥

丝锥是加工内螺纹的工具，有机用丝锥和手用丝锥两类。机用丝锥通常用高速钢制成，一般是单独一支，其螺纹公差带分为 H1、H2、H3 三种。手用丝锥用碳素工具钢或合金工具钢制成，一般是由两支或三支组成一组，其螺纹公差带为 H4。

丝锥构造如图 5—54 所示，由工作部分和柄部组成。工作部分又分为切削部分和校准部分。

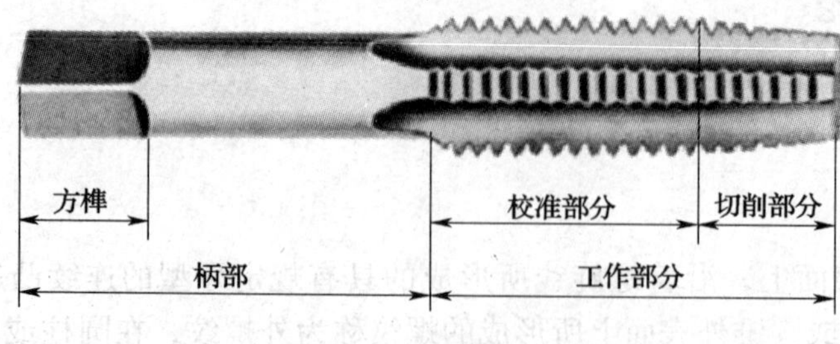

图 5—54　丝锥的构造

丝锥沿轴向开有几条容屑槽，以形成切削部分锋利的切削刃，起主切削作用。前端磨出切削锥角，切削负荷分布在几个刀齿上，使切削省力，便于切入。丝锥校准部分有完整的牙型，用来修光和校准已切出的螺纹，并引导丝锥沿轴向前进。

2. 铰杠

铰杠是用来夹持丝锥柄部方榫，带动丝锥旋转切削的工具。铰杠有普通铰杠和丁字铰杠两类，各类铰杠又分为固定式和活络式两种，如图5—55所示。

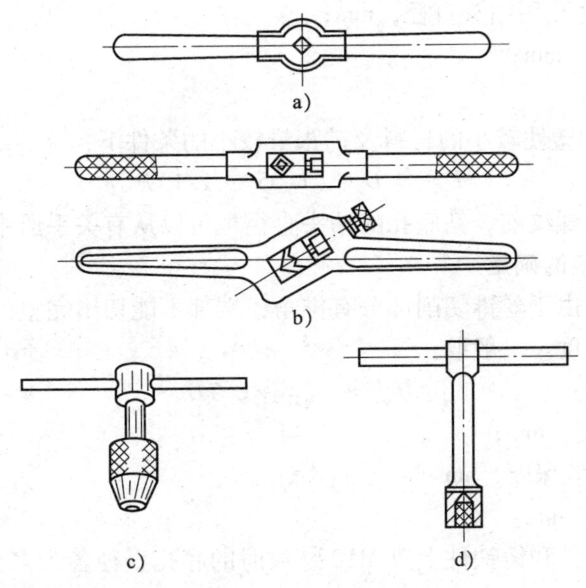

图5—55 铰杠

a）固定铰杠 b）活络铰杠 c）活动丁字铰杠 d）固定丁字铰杠

三、攻螺纹前底孔的直径和深度

1. 攻螺纹底孔直径的确定

攻螺纹时，丝锥在切削金属的同时，还伴随着较强的挤压作用，因此，金属产生塑性变形形成凸起并挤向牙尖，如图5—56所示，使其内螺纹的小径小于底孔直径。

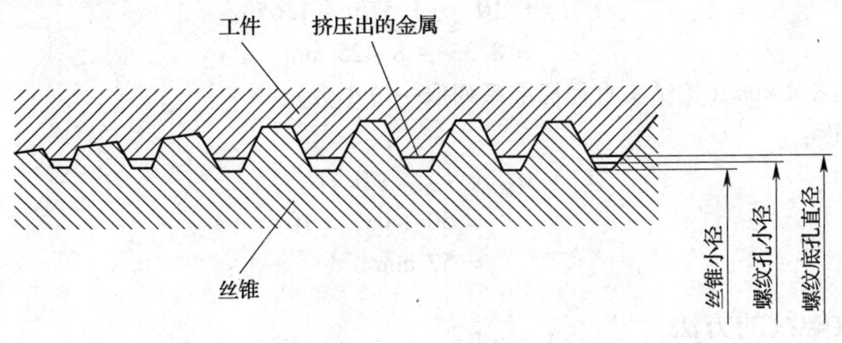

图5—56 攻螺纹时的挤压现象

由此可见，攻螺纹前的底孔直径应稍大于螺纹小径，否则攻螺纹时因挤压作用，使螺纹牙顶与丝锥牙底之间没有足够的容屑空间，容易将丝锥箍住，甚至折断丝锥。这种现象在攻塑性较大的材料时更为严重。但是底孔不宜过大，否则会使螺纹牙型不够，降低强度。

底孔直径大小要根据工件材料塑性大小及钻孔扩张量确定，按经验公式计算得出：

（1）在加工钢和塑性较大的材料及扩张量中等的条件下：

$$D_{钻} = D - P$$

式中 $D_{钻}$——钻螺纹底孔用钻头直径，mm；

D——螺纹大径，mm；

P——螺距，mm。

（2）在加工铸铁和塑性较小的材料及扩张量较小的条件下：

$$D_{钻} = D - (1.05 \sim 1.1)P$$

常用英制螺纹在攻螺纹前，钻底孔的钻头直径也可以从有关手册中查出。

2. 攻螺纹底孔深度的确定

攻不通孔螺纹时，由于丝锥切削部分有锥角，端部不能切出完整的牙型，所以钻底孔深度要大于螺纹的有效深度。一般取：

$$H_{钻} = h_{有效} + 0.7D$$

式中 $H_{钻}$——底孔深度，mm；

$h_{有效}$——螺纹有效深度，mm；

D——螺纹大径，mm。

例 分别计算在钢件和铸铁件上攻 M10 螺纹时的底孔直径各为多少。若攻不通孔螺纹，其螺纹有效深度为 50 mm，求底孔深度（$2\varphi = 120°$，只计算钢件）。

解：螺纹直径是 10 mm，故其螺距（P）为 1.5 mm。

钢件攻螺纹底孔直径：

$$\begin{aligned} D_{钻} &= D - P \\ &= 10 - 1.5 = 8.5 \text{ mm} \end{aligned}$$

铸铁件攻螺纹底孔直径：

$$\begin{aligned} D_{钻} &= D - (1.05 \sim 1.1)P \\ &= 10 - (1.05 \sim 1.1) \times 1.5 \\ &= 10 - (1.575 \sim 1.65) \\ &= 8.35 \sim 8.425 \text{ mm} \end{aligned}$$

取 $D_{钻} = 8.4$ *mm*（按钻头直径标准系列取一位小数）。

底孔深度：

$$\begin{aligned} H_{钻} &= h_{有效} + 0.7D \\ &= 50 + 0.7 \times 10 \\ &= 57 \text{ mm} \end{aligned}$$

四、攻螺纹的方法

1. 划线，钻底孔。

2. 在螺纹底孔的孔口倒角，通孔螺纹两端都要倒角，倒角处直径可略大于螺孔大径，这样可使丝锥开始切削时容易切入，并可防止孔口被挤压出凸边。

3. 用头锥起攻。起攻时，可一手用手掌按住铰杠中部，沿丝锥轴线用力加压，另一手配合作顺向旋进，如图 5—57a 所示；或两手握住铰杠两端均匀施加压力，并顺向旋进丝锥，如图 5—57b 所示。应保证丝锥中心线与孔中心线重合，不歪斜。在丝锥攻入 1 ~2 圈后，应及时从前后、左右两个方向用90°角尺进行检查，如图 5—57c 所示，并不断校正使丝锥与工件大平面垂直。

a)

b)

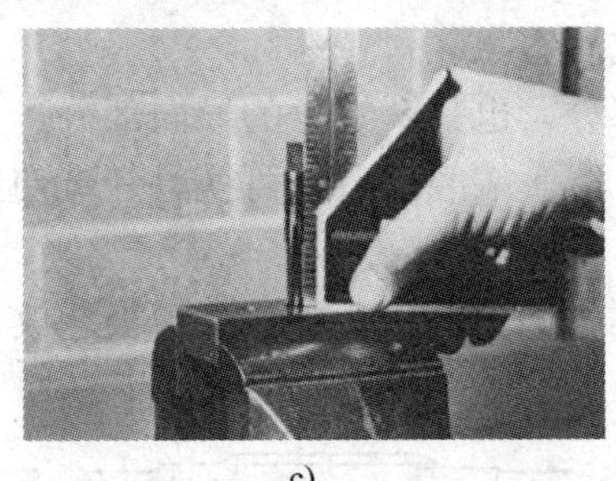
c)

图 5—57　用头锥起攻内螺纹

4. 当丝锥的切削部分全部进入工件时，则不需要再施加压力，而靠丝锥作旋进切削。此时，两手旋转用力要均匀，并要经常倒转 1/4 ~1/2 圈，使切屑碎断后容易排除，避免因切屑阻塞而使丝锥卡住。

攻螺纹时，必须以头锥、二锥、三锥的顺序攻削至标准尺寸。在较硬的材料上攻螺纹时，可轮换丝锥交替攻下，以减小切削部分负荷，防止丝锥折断。

攻不通孔螺纹时，可在丝锥上做好深度标记，并要经常退出丝锥，清除留在孔内的切屑，否则会因切屑堵塞使丝锥折断或达不到深度要求。当工件不便清屑时，可用弯曲的小管子吹出切屑，或用磁性针棒吸出。

在韧性材料上攻螺纹孔时，要加切削液，以减小切削阻力，减小加工螺纹孔的表面粗糙度值和延长丝锥使用寿命。攻钢件时用机油，螺纹质量要求高时可用工业植物油，攻铸铁件可用煤油。

五、套螺纹

用圆板牙在圆杆上切削出外螺纹的加工方法称为套螺纹。

1. 圆板牙

圆板牙是加工外螺纹的工具，它用合金工具钢或高速钢制作并经淬火处理。

如图 5—58 所示为圆板牙的结构，由切削部分、校准部分和排屑孔组成。它本身就像一个螺母，在它的上面钻有几个排屑孔从而形成刀刃。

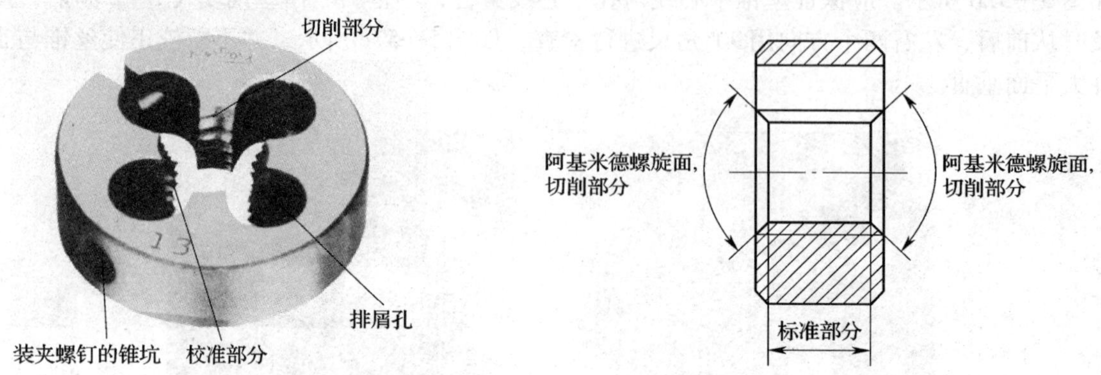

图 5—58 圆板牙的结构

圆板牙的切削部分是其两端有切削锥角的部分，它不是圆锥面，而是一个经过铲磨而形成的阿基米德螺旋面，从而形成后角。

圆板牙的中间一段是校准部分，也是套螺纹的导向部分。

圆板牙两端都有切削部分，待一端磨损后，可换另一端使用。

2. 板牙架

板牙架是装夹圆板牙的工具，如图 5—59 所示。圆板牙放入后，用螺钉紧固。

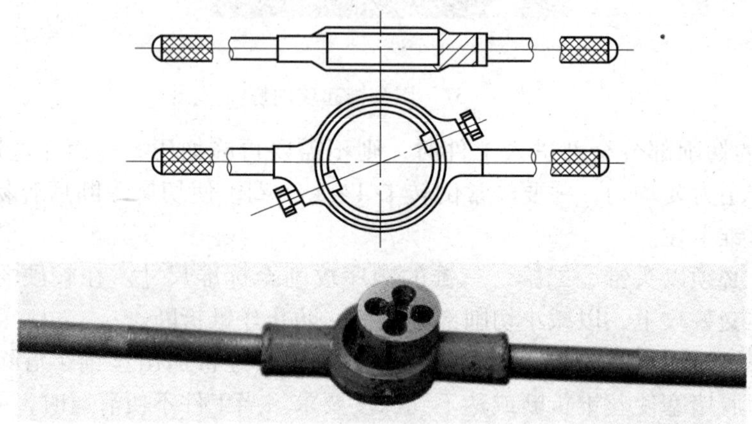

图 5—59 板牙架

六、套螺纹前圆杆直径的确定及端部倒角

套螺纹与丝锥攻螺纹一样，用圆板牙在工件上套螺纹时，材料同样因受挤压而变形，牙顶将被挤高一些。所以套螺纹前圆杆直径应稍小于螺纹的大径尺寸，一般圆杆直径用下式计算：

$$d_{杆} = d - 0.13P$$

式中 $d_{杆}$——套螺纹前圆杆直径，mm；

d——螺纹大径，mm；

P——螺距，mm。

例 在45钢的圆杆上套M12的螺纹，试确定圆杆直经。

解：$d_{杆} = d - 0.13P$

$= 12 - 0.13 \times 1.75$

$= 11.77$ mm

为了使圆板牙起套时容易切入工件并作正确引导，圆杆端部要倒角——倒成锥半角为15°～20°的锥体，如图5—60所示。倒角的最小直径可略小于螺纹小径，避免螺纹端部出现峰口和卷边。

七、套螺纹的方法

1. 套螺纹时，切削力矩较大，且工件为圆杆，一般要用V形架或厚铜皮做衬垫，才能保证夹紧可靠。

2. 起套方法与攻螺纹起攻方法一样，一手用手掌按住铰杠中部，沿圆杆轴向施加压力，另一手配合作顺向切进，转动要慢，压力要大，并保证圆板牙端面与圆杆轴线的垂直度，不歪斜。特别注意，在圆板牙切入圆杆2～3牙时，应及时检查其垂直度并校正。

3. 正常套螺纹时不要加压，让圆板牙自然引进，如图5—61所示，以免损坏螺纹和圆板牙，同时要经常倒转以断屑。

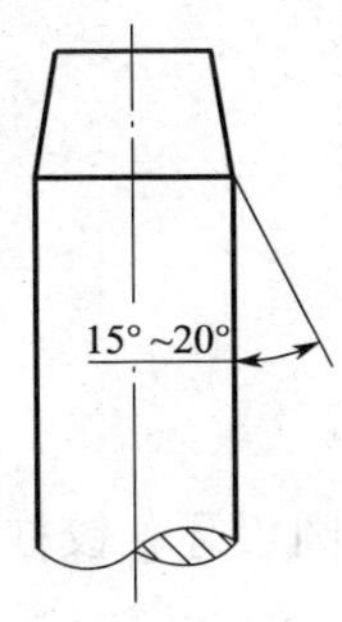

图5—60 圆杆倒角

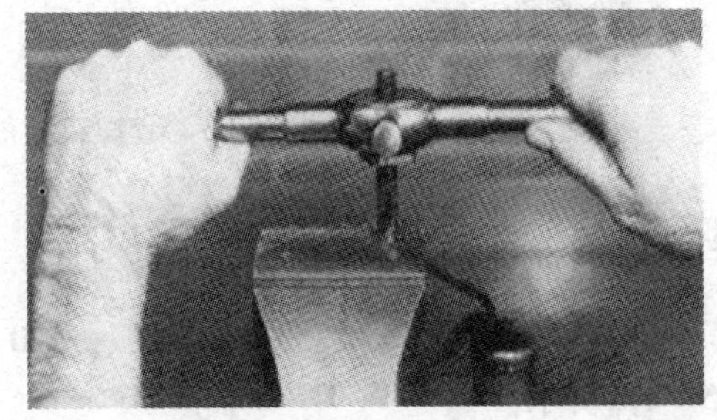

图5—61 套螺纹

4. 在钢件上套螺纹时要加切削液，一般可以用机油或较浓的乳化液，要求较高时可用工业植物油。

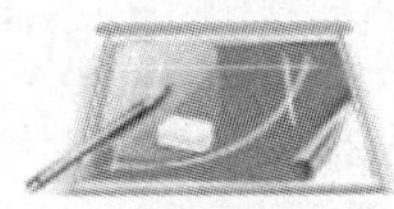

任务实施

一、技能训练图

本任务分为两大部分。

1．学生根据图 5—62 所示的技能训练图要求，在任务 2 完成的基础上完成 M10 的内螺纹加工。该步骤也是完成项目六任务 1——手锤加工的工序之一（内螺纹孔加工）。

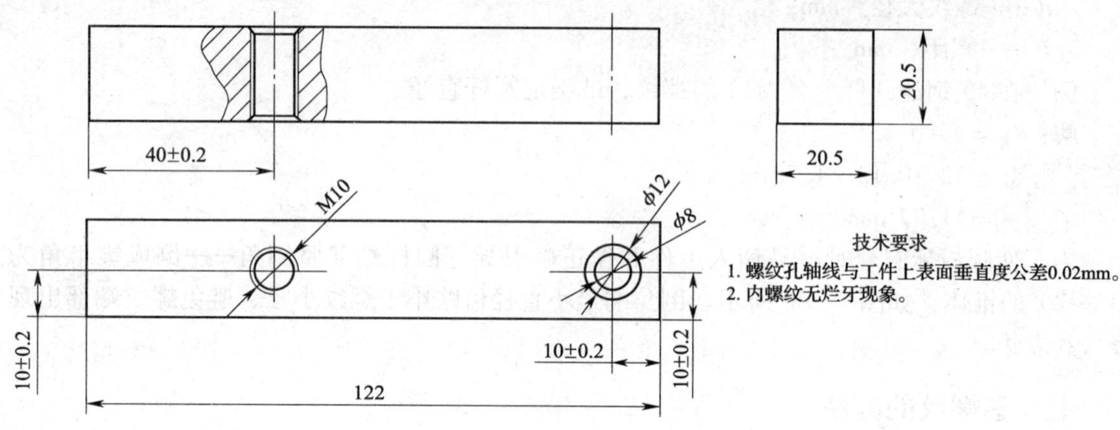

图 5—62　攻螺纹技能训练图

2．学生根据图 5—63 所示的技能训练图要求，在 ϕ12 mm × 250 mm［一端由车工预先车好 ϕ9. 8 mm ×（20 ± 0. 5）mm］的圆杆上完成 M10 的外螺纹加工。

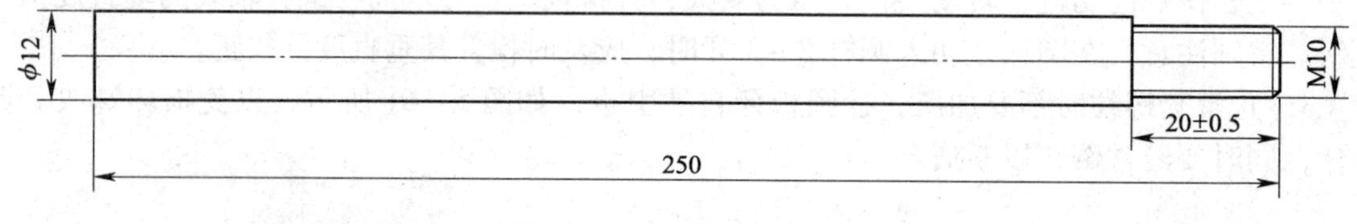

技术要求

1. 螺纹倒角 C1.5mm。
2. 外螺纹无烂牙现象。

图 5—63　套螺纹技能训练图

二、操作准备

1．工具和量具：刀口直角尺、游标卡尺、M10 丝锥、M10 圆板牙、铰杠、板牙架、油壶等，如图 5—64 所示。

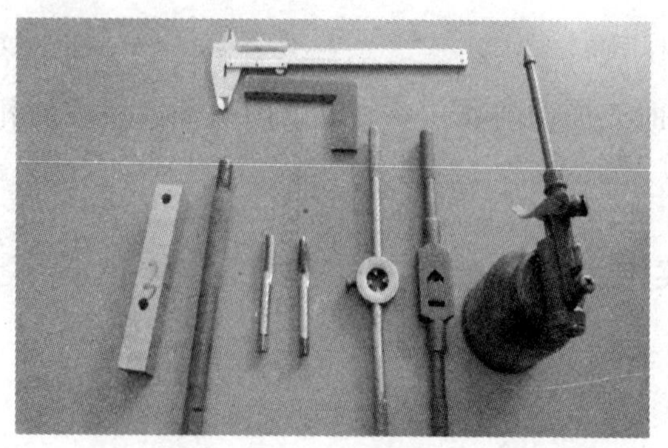

图 5—64　攻螺纹、套螺纹操作准备图

2. 材料：攻螺纹练习材料由任务 2 完成 $\phi8.5$ mm 孔加工的长方体转入；套螺纹练习材料是 $\phi12$ mm×250 mm 圆杆（套螺纹端车削直径为 9.8 mm，台阶长 20 mm），每人一件。

三、操作步骤

1. 攻螺纹

（1）攻螺纹工具的正确安装

在攻螺纹时一般用丝锥和铰杠，丝锥需正确安装在铰杠中，如图 5—65 所示。

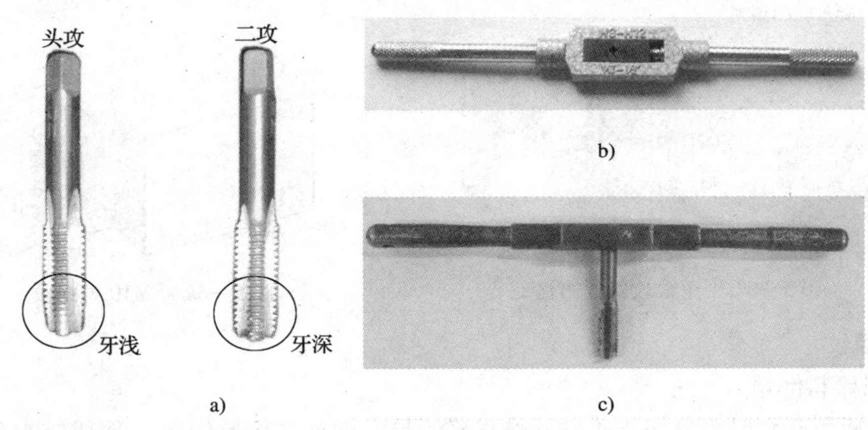

图 5—65　丝锥的安装

a）丝锥　b）铰杠　c）丝锥的安装

M10 的丝锥一般做成两支一套，在加工中先用头攻加工，再用二攻加工。头攻与二攻的丝锥最大的区别在于丝锥的前端，头攻的牙浅而二攻的牙深。

（2）攻螺纹

在用头攻起攻时，如图 5—66 所示，可一手用手掌按住铰杠中部，沿丝锥轴线用力加压，另一手配合作顺向旋进；或两手握住铰杠两端均匀施加压力，并使丝锥顺向旋进。为保证丝锥中心线与孔中心线重合而不歪斜，在丝锥攻入 1 ~ 2 圈后，及时从前后、左右两个方向用 90°角尺检查，并不断校正至要求。

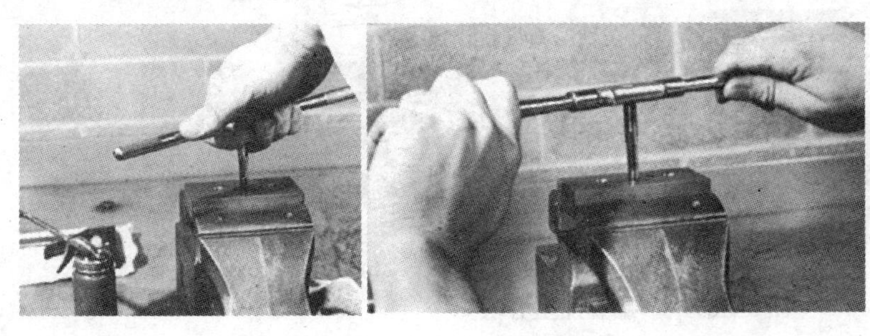

a)

b)

图 5—66　起攻螺纹的方法

a）起攻方法　b）垂直度的检查

头攻完成后，退出头攻丝锥，改用二攻丝锥进行切削，在切削时要先用手旋入至不能再旋进时，再用铰杠转动，以免损坏螺纹和防止乱牙。正常攻螺纹时，要经常倒转$\frac{1}{4}$~$\frac{1}{2}$圈，使切屑碎断后容易排出，如图5—67所示。退出丝锥时，也要避免快速转动铰杠，最好用手旋出，以保证已攻好的螺纹质量不受影响。

最终加工出如图5—68所示的内螺纹，完成攻螺纹加工。

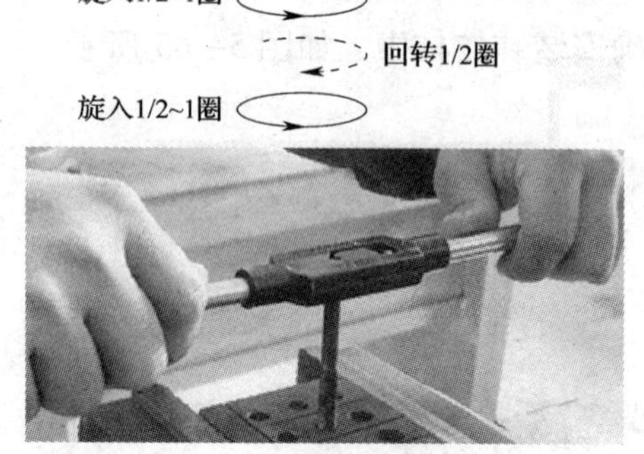

图5—67　正常攻螺纹方法

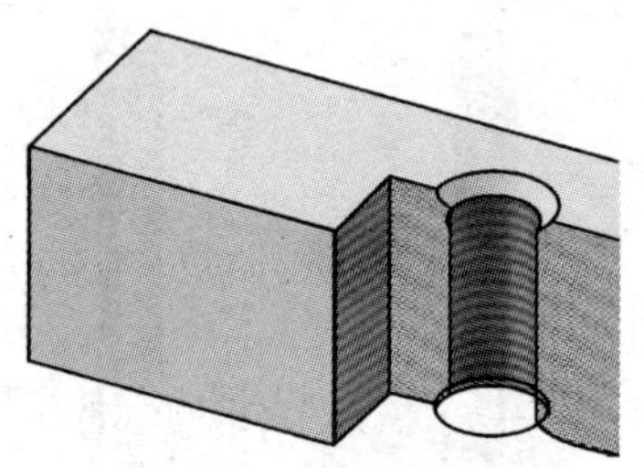

图5—68　M10内螺纹

2. 套螺纹

（1）圆棒料倒角

为使圆板牙起套时容易切入工件并作正确引导，圆杆端部要倒角（倒成锥半角为15°~20°的锥体），倒角的最小直径可略小于螺纹小径，避免螺纹端部出现峰口和卷边。

（2）如图5—69a所示，螺纹起套方法与攻螺纹起攻方法一样，一手用手掌按住铰杠中部，沿圆杆轴向施加压力，另一手配合作顺向切进，转动要慢，压力要大，并保证圆板牙端面与圆杆轴线的垂直度，不歪斜。特别注意，在圆板牙切入圆杆2~3牙时，应及时检查其垂直度并校正。

（3）正常套螺纹时不要加压，让圆板牙自然引进，以免损坏螺纹和圆板牙，一般套入一圈后需回转1/2圈以断屑，如图5—69b所示。

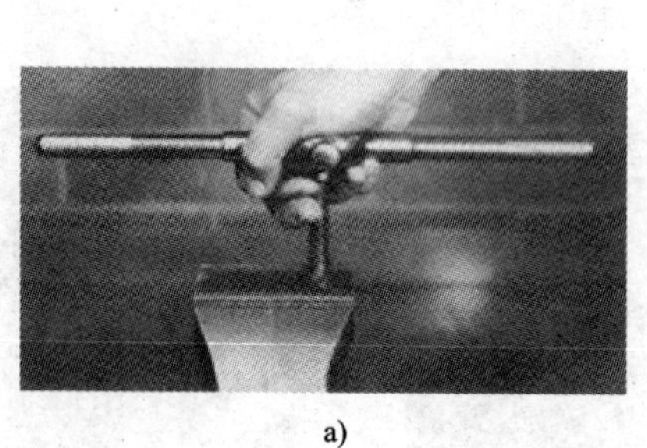

a)

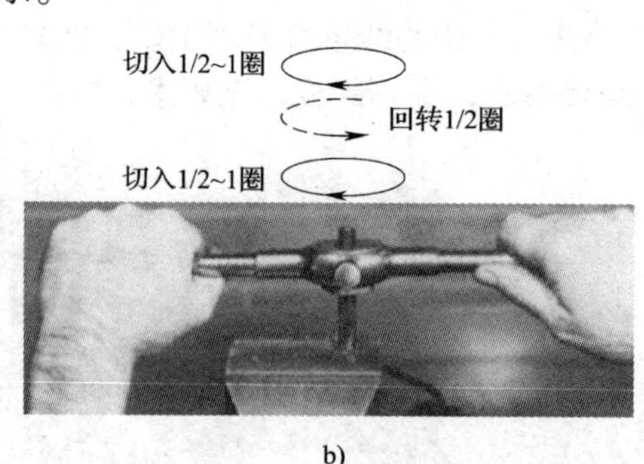

b)

图5—69　套螺纹加工方法

a）起套方法　b）正常套螺纹方法

这样利用圆板牙和板牙架就可加工出如图5—70a所示的外螺纹，并可试着把外螺纹旋入刚才加工完成的内螺纹之中，如图5—70b所示，如果旋入比较轻松，表明内、外螺纹的加工质量较好。

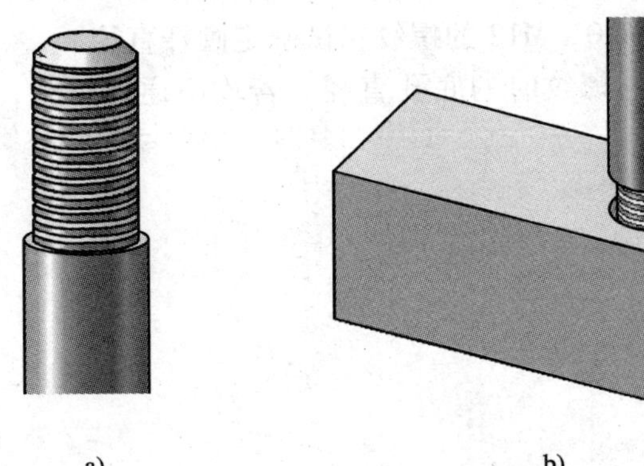

图5—70 外螺纹与内螺纹的配合

a）M10外螺纹 b）内、外螺纹配合

四、练习记录及成绩评定

攻螺纹、套螺纹技能训练成绩评定见表5—7。

表5—7 攻螺纹、套螺纹技能训练成绩评定表

序号	项目与技术要求	配分	检测方法	得分
1	攻螺纹操作姿势（姿势正确，动作规范）	30	目测	
2	套螺纹操作姿势（姿势正确，动作规范）	30	目测	
3	内、外螺纹无烂牙现象	20	目测	
4	内、外螺纹配合松紧一致	10	配合检测	
5	内、外螺纹配合后垂直度误差小于或等于0.02 mm	10	90°角尺测量	

操作提示

起攻、起套的正确性以及攻螺纹、套螺纹时能控制两手用力均匀和掌握好用力程度，是攻螺纹、套螺纹的基本功之一，必须用心掌握。

课后思考

1. 简述攻螺纹的操作要点。
2. 简述圆板牙的结构特点。
3. 简述套螺纹的操作方法。
4. 用计算法确定下列螺纹攻螺纹前钻底孔的钻头直径：

（1）在钢件上攻M16的螺纹。

（2）在铸铁上攻 M16 的螺纹。

5. 需在钢件上套制 M8、M10、M12 的螺纹，试确定圆杆直径。

6. 计算在钢件上攻 M18 的螺纹时的底孔直径。若攻不通孔螺纹，其螺纹有效深度为 45 mm，求底孔深度。

项目六

复合作业

任务1　手锤加工

学习目标

1. 巩固提高锉削技能，达到锉削表面纹理齐整，表面光洁。
2. 掌握内、外圆弧面的加工方法，达到连接圆滑，位置及尺寸正确。
3. 掌握手锤制作的加工步骤，常用工具及有关基准，测量方法的确定等。
4. 做到安全文明生产。

工作任务

综合前面已学过的划线、锯削、锉削、孔加工等基本操作技能，通过加工手锤初步体验钳工制作产品的完整过程，进一步提高对钳工工艺学习的兴趣。

本任务是在划线（项目二任务2）、锯削（项目三任务2）、锉削（项目四任务3）、孔加工（项目五任务1、任务2、任务3）的基础上，完成手锤（见图6—1）加工的全部工作。

图6—1　手锤

相关理论

一、曲面锉削

常见的曲面是单一的外圆弧面和内圆弧面。

1. 外圆弧面锉削方法

当余量不大或对外圆弧面作修整加工时，一般采用锉刀顺着圆弧锉削，如图 6—2a 所示，在锉刀作前进运动时，还应绕工件圆弧的中心作摆动。当锉削余量较大时，可采用横对着圆弧面锉削的方法，如图 6—2b 所示，按圆弧面要求锉成多棱形，然后再顺着圆弧面锉削，最后精锉成圆弧。

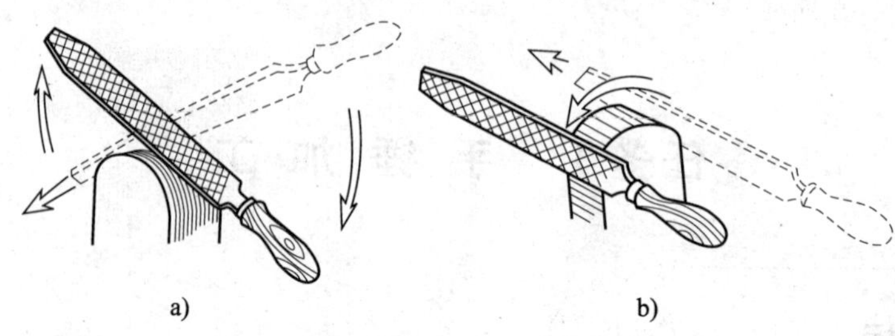

图 6—2 外圆弧面锉削

a）顺着圆弧面锉削 b）横对着圆弧面锉削

2. 内圆弧面锉削方法

如图 6—3 所示，锉刀要同时完成 3 个运动：前进运动、向左或向右的移动和绕锉刀中心线的转动（按顺时针或逆时针方向转动约 90°）。3 个运动须同时进行才能锉好内圆弧面，如不同时完成上述 3 个运动，就不能锉出合格的内圆弧面。

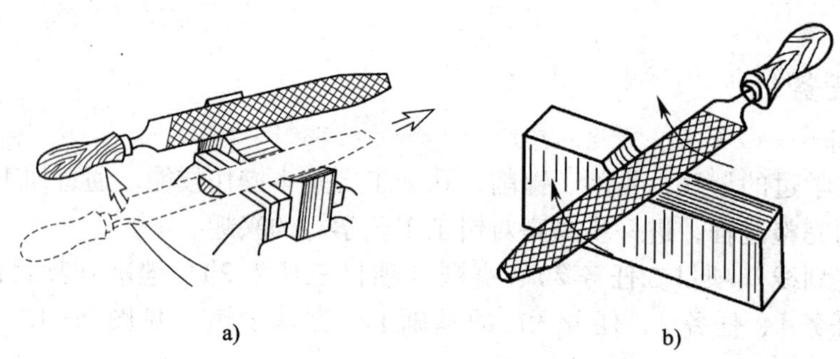

图 6—3 内圆弧面锉削

a）内圆弧面的锉削方法 b）推锉内圆弧面

3. 球面锉削方法

推锉时，锉刀绕球面中心线摆动，同时作弧形运动，如图 6—4 所示。

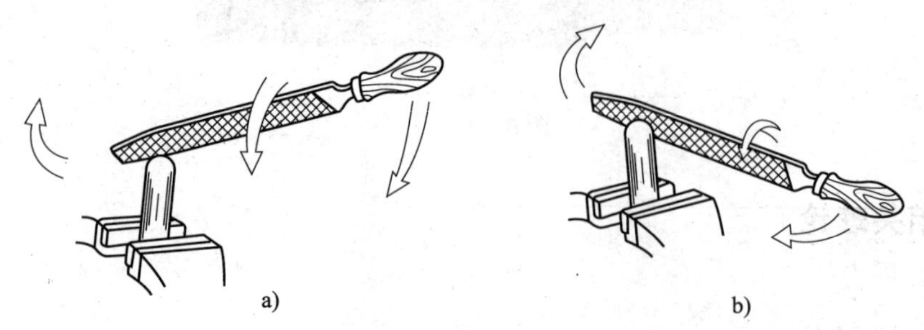

图 6—4 球面的锉法

a）顺向锉运动 b）横向锉运动

二、曲面锉削质量检测

对于锉削加工后的内、外圆弧面，可采用半径样板检查曲面的轮廓度，半径样板通常包括凸面样板和凹面样板两类，如图 6—5 所示。其中半径样板左端的凸面样板用于测量内圆弧面，半径样板右端的凹面样板用于测量外圆弧面，测量时，要在整个圆弧面上测量，综合进行评定，如图 6—6 所示。

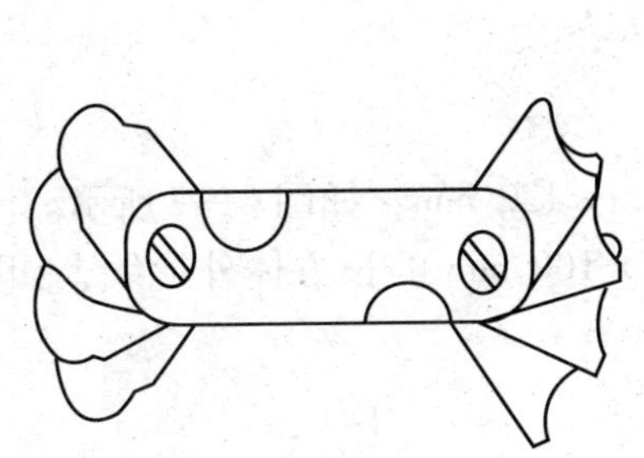

图 6—5　半径样板

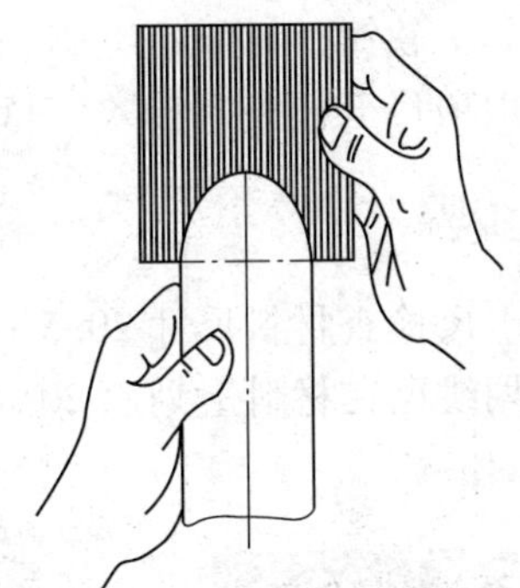

图 6—6　用半径样板检查曲面的轮廓度

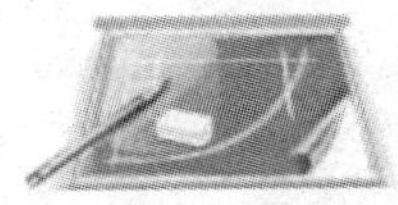

任务实施

一、技能训练图

学生根据如图 6—7 所示的技能训练图要求，完成手锤的外形尺寸、舌头部分及指甲弧加工。

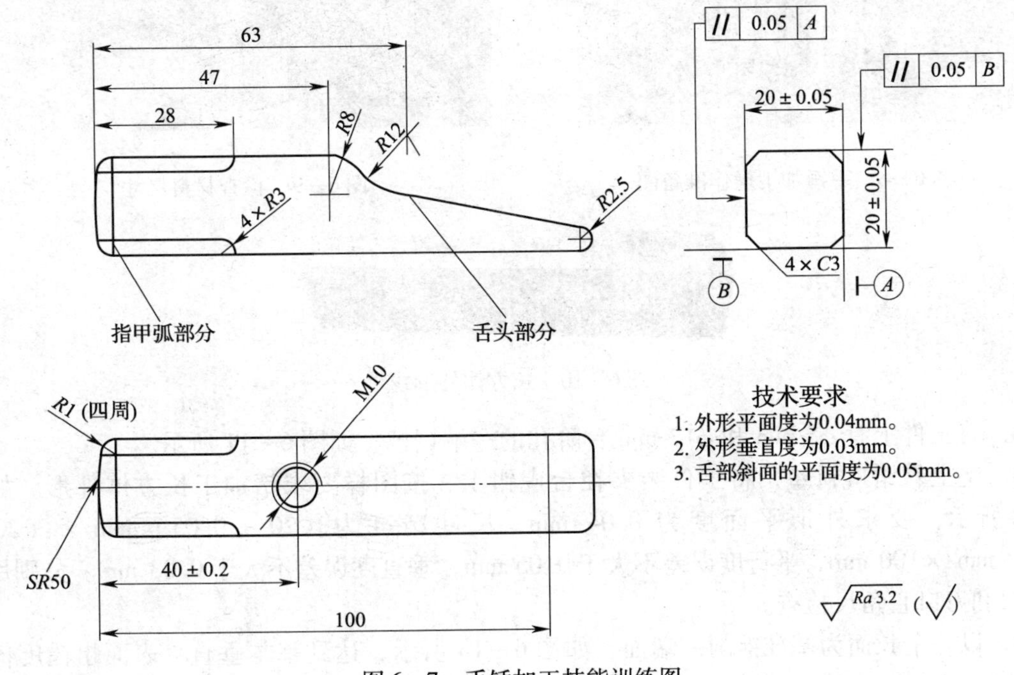

图 6—7　手锤加工技能训练图

二、操作准备

1. 工具和量具：各种尺寸规格的锉刀（包括 250 mm 粗板锉、200 mm 细板锉、150 mm 细板锉、150 mm 粗齿半圆锉、150 mm 细齿半圆锉、ϕ6 mm 粗齿圆锉、ϕ6 mm 细齿圆锉等），游标卡尺，高度划线尺，0 ~ 25 mm、25 ~ 50 mm、50 ~ 75 mm 千分尺，刀口直角尺，钢直尺，半径样板，划针，样冲，锯弓、锯条、手锤等，如图 6—8 所示。

2. 辅助工具：软钳口衬垫、毛刷、砂布等。

3. 材料：由项目五任务 3 转入，每人一块。

三、操作步骤

1. 用游标卡尺检查材料尺寸 20.5 mm × 20.5 mm × 122 mm，如图 6—9 所示。

2. 用高度划线尺在材料上划出 20 mm × 20 mm × 100 mm 的长方体外形线，如图 6—10 所示。

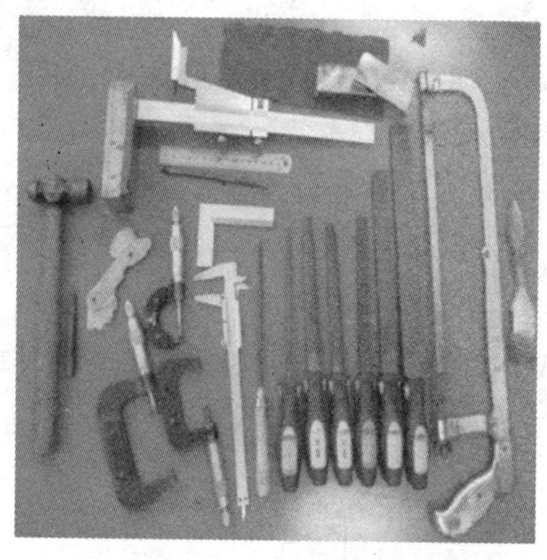

图 6—8　手锤加工操作准备图

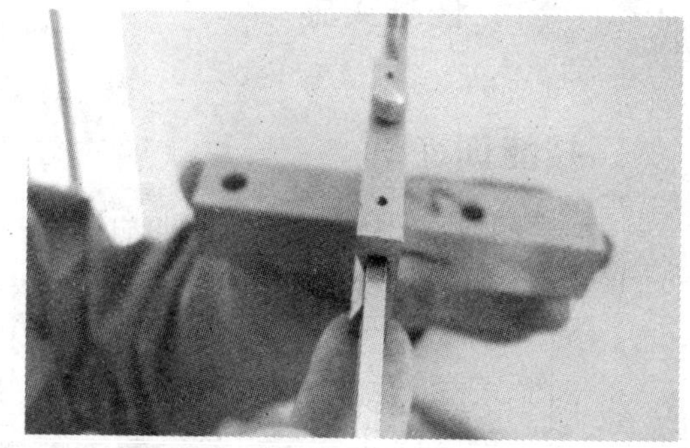

图 6—9　检查材料尺寸

图 6—10　长方体外形线

3. 将工件上有 ϕ8 mm 和 ϕ12 mm 台阶孔的一端锯掉，如图 6—11 所示。

4. 垫上软钳口衬垫，将工件装夹在台虎钳上，按图样要求精加工长方体外形。如图 6—12 所示，要求外形平面度为 0.04 mm，尺寸精度为（20 ± 0.05）mm ×（20 ± 0.05）mm × 100 mm，平行度误差不大于 0.05 mm，垂直度误差不大于 0.03 mm。分别用游标卡尺和刀口直角尺检查。

5. 以一个长面为基准锉削一端面，如图 6—13 所示，达到基本垂直，表面粗糙度值不大于 Ra 3.2 μm。

6. 以工件一长面及端面为基准，放上手锤样板用划针划出形体加工线（两面同时划出），并按图样尺寸划出 4 × $C3$ mm 倒角加工线，如图 6—14 所示。

7. 锉削 4 × $C3$ mm 倒角并达到相关要求，如图 6—15 所示。方法：先用 $\phi6$ mm 粗齿圆锉粗锉出四个 $R3$ mm 圆弧；然后分别用 250 mm 粗板锉粗锉四条 $C3$ mm 倒角，再用 $\phi6$ mm 细齿圆锉细锉四个 $R3$ mm 圆弧；最后用 200 mm 细板锉和150 mm细板锉推锉四条 $C3$ mm 倒角，达到四条指甲弧粗细均匀、对称；最后用砂布抛光。

图 6—11　锯掉长方体多余部分

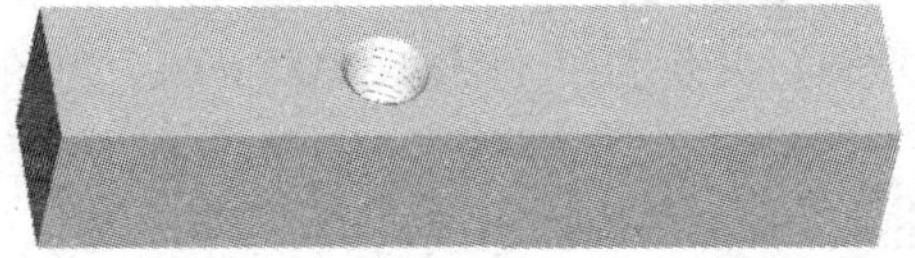

图 6—12　精加工长方体外形

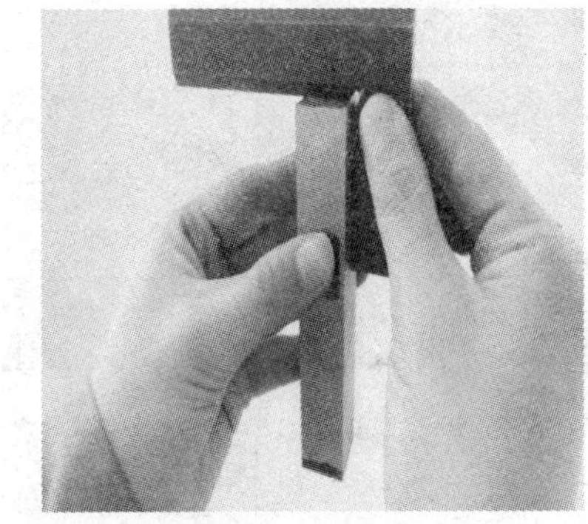

图 6—13　锉削长方体的端面

图 6—14　划出手锤形体加工线

图 6—15　锉 4 × $C3$ mm 倒角及指甲弧

8. 按所划轮廓线，用手锯按加工线锯去斜面多余部分并留足锉削余量，如图 6—16 所示。

9. 垫上软钳口衬垫，将工件装夹在台虎钳上，先用 150 mm 粗齿半圆锉粗锉 $R12$ mm 内圆弧面，用 250 mm 粗板锉粗锉斜面与$R8$ mm圆弧面至划线线条；再用 200 mm 细板锉半精锉斜面，用 150 mm 细齿半圆锉半精锉 $R12$ mm 内圆弧面，再用200 mm 细板锉半精锉$R8$ mm 外圆弧面；最后用 150 mm 细板锉和 150 mm 细齿半圆锉推锉修整舌头部分，达到各面连接圆滑、光洁、纹理齐整，如图 6—17 所示。

图 6—16　锯削舌头多余部分

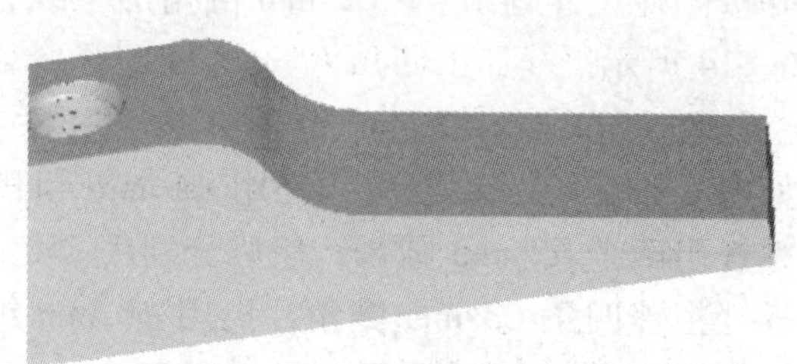

图 6—17　粗、精加工舌头部分

10. 将工件竖直装夹在台虎钳上，先用 250 mm 粗板锉粗锉圆头至划线线条，再用 150 mm细板锉锉 $R2.5$ mm 圆头，并保证工件总长 100 mm，如图 6—18 所示。

11. 用 250 mm 粗板锉、200 mm 细板锉、150 mm 细板锉粗、精锉手锤头部球形面 $SR50$ mm，周边倒圆角 $R1$ mm，如图 6—19 所示。

a)

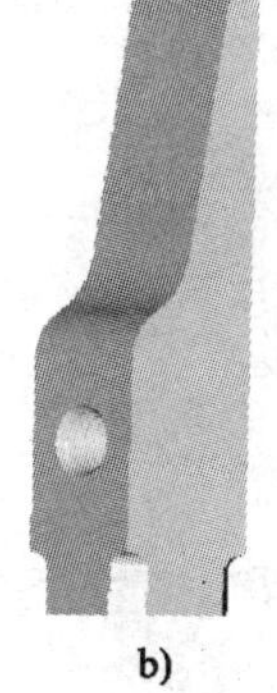

b)

图 6—18　粗、精锉 $R2.5$ mm 圆头

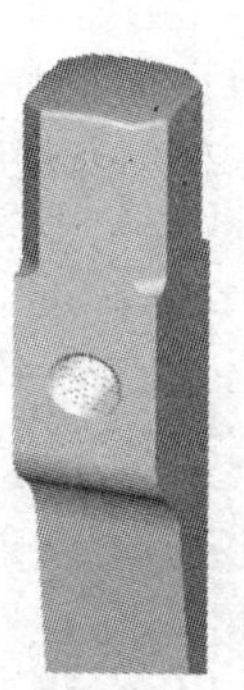

图 6—19　粗、精锉手锤头部球形面

12. 将项目五任务 3 套螺纹练习的圆杆螺纹端旋入锤头 M10 的孔中作为手柄，如图 6—20 所示。

13. 用砂布将各加工面抛光，检验。

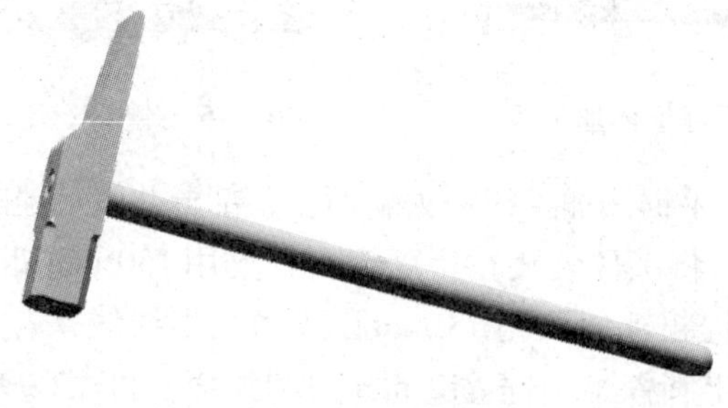

图 6—20　旋入锤头

操作提示

1. 横向锉加工四角 $R3$ mm 内圆弧时，一定要锉准、锉光，这样推光操作才容易进行，且圆弧尖角处不易塌角。

2. 在加工 $R12$ mm 与 $R8$ mm 内外圆弧时，横向必须平直，并与侧平面垂直，这样才能使弧形面连接正确，外形美观。

四、练习记录及成绩评定

手锤加工训练成绩评定见表 6—1。

表 6—1　　手锤加工训练成绩评定表

序号	项目及技术要求	配分	评分标准	检测记录	得分
1	尺寸要求（20 ±0.05）mm　（2 处）	8	超差不得分		
2	平行度 0.05 mm　（2 处）	6	超差不得分		
3	垂直度 0.03 mm　（4 处）	12	超差不得分		
4	倒角 $C3$ mm（4 处）	12	超差不得分		
5	$R3$ mm 内圆弧连接光滑、无尖端塌角（4 处）	12	目测检查		
6	$R12$ mm 与 $R8$ mm 圆弧面连接光滑	12	目测检查		
7	舌部斜面平面度 0.05 mm	10	超差不得分		
8	外形平面度 0.04 mm	10	超差不得分		
9	$R2.5$ mm 圆弧面圆滑	2	目测检查		
10	棱线清楚，倒角均匀	4	目测检查		
11	表面粗糙度 Ra 3.2 μm，纹理整齐	4	课堂检查		
12	安全文明生产	8	酌情扣分		

课后思考

1. 锉削外圆弧面有哪两种方法？分别用于什么场合？
2. 怎样加工好手锤的指甲弧部位？

任务 2　凸字形加工

学习目标

1. 了解对称度的概念。
2. 掌握具有对称度要求工件的相关间接尺寸的换算方法。
3. 掌握凸字形加工的加工工艺。

工作任务

图 6—21　凸字形零件实物图

通过进行凸字形加工训练，学会具有对称度要求工件的相关间接尺寸换算及测量方法，从而进一步提高按图划线加工工件的能力及锉削、锯削等基本操作技能。

本任务是在划线、锯削（项目三任务 1）、锉削（项目四任务 2）、钻孔（项目五任务 1、任务 2）的基础上，完成图 6—21所示凸字形零件加工。

相关理论

一、对称度的概念

1．对称度误差

对称度误差是指被测中心平面与基准中心平面之间的最大偏移距离，如图 6—22 所示。

2．对称度公差带

对称度公差带是距离为公差值 t 且相对于基准中心平面对称配置的两个平行平面之间的区域，如图 6—23 所示。

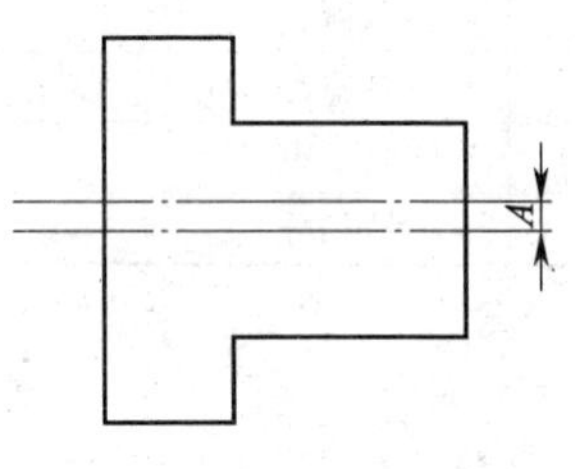

图 6—22　对称度误差

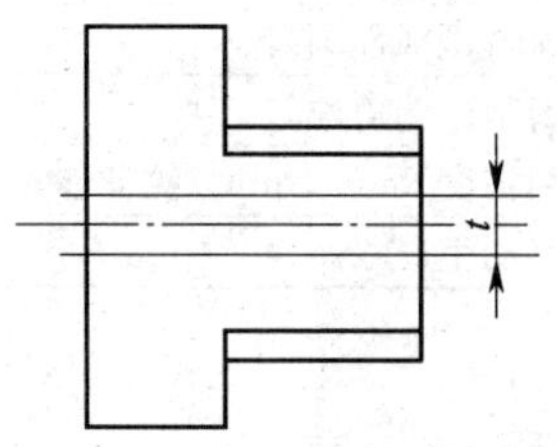

图 6—23　对称度公差带

二、对称度的测量

1．对称度误差值的含义

测量被测表面与基准表面之间的距离尺寸 A 和 B，其差值的一半即为对称度误差值，如图 6—24 所示。

2．对称度误差值测量方法

在实际操作中，经常采用下述两种方法测量对称度误差：

（1）百分表相对测量法

如图 6—24a 所示，分别以工件外形 C、D 为基准表面放在标准平板上，用百分表分别测出被测量表面 1、2 相对基准表面的读数差值，其读数差值的一半即为对称度误差值。

（2）游标深度尺测量法

如图 6—24b 所示，用游标深度尺分别测出工件外形基准表面 C、D 与被测量表面 2、1 之间的距离尺寸 A、B，其读数差值的一半即为对称度误差值。

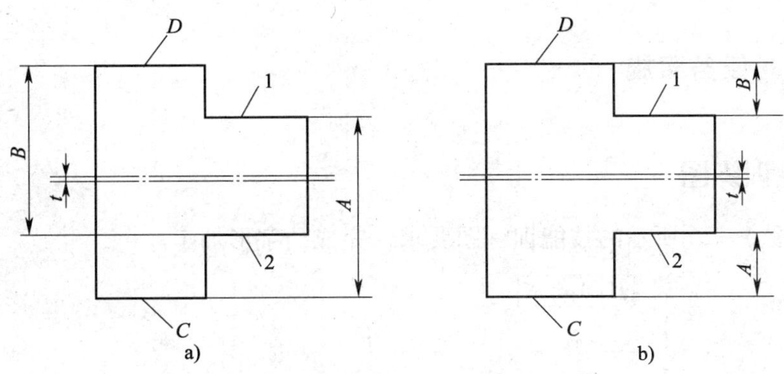

图 6—24　对称度的测量

a）百分表相对测量法　b）游标深度尺绝对测量法

三、对称形体的划线与间接尺寸的计算、测量

1．对称形体工件的划线

对于平面对称形体工件的划线，应在形成对称中心平面的两个基准面精加工后进行。划线基准与两基准面重合，划线尺寸则按两个对称基准平面间的实际尺寸及对称要素的要求尺寸计算得出。

2．间接测量方法控制具有对称度要求工件的尺寸精度的方法

例如为保证 $20_{-0.05}^{0}$ mm 凸形面相对外形对称平面的对称度 0.1 mm 的要求，用间接测量法计算控制有关工艺尺寸，用图解说明如下：图 6—25a 所示为凸形面的最大与最小控制尺寸。最大控制尺寸发生在外形实际尺寸最大，而凸形面实际尺寸最小的场合。图 6—25b 所示为最大控制尺寸下，如果凸形面取得的是最小实际尺寸 19.95 mm，这时凸形面对称平面相对于外形对称平面一定向左偏移，其对称度误差最大左偏值为 0.05 mm（刚好是对称度公差值的一半）。那么，最大控制尺寸为 $L/2+(20-0.05)/2+t/2=L/2+(10-0.025)+0.05=L/2+(10+0.025)$。最小控制尺寸发生在外形实际尺寸最小，而凸形面实际尺寸最大的场合。图 6—25c 所示为在最小控制尺寸下，如果凸形面取得的是最大实际尺寸 20 mm，这时凸形面对称平面相对于外形对称平面一定向右偏移，其对称度度误差最大右偏值为 0.05 mm（刚好是对称度公差值的一半）。那么，最小控制尺寸为 $L/2+20/2-t/2=L/2+10-0.05$。

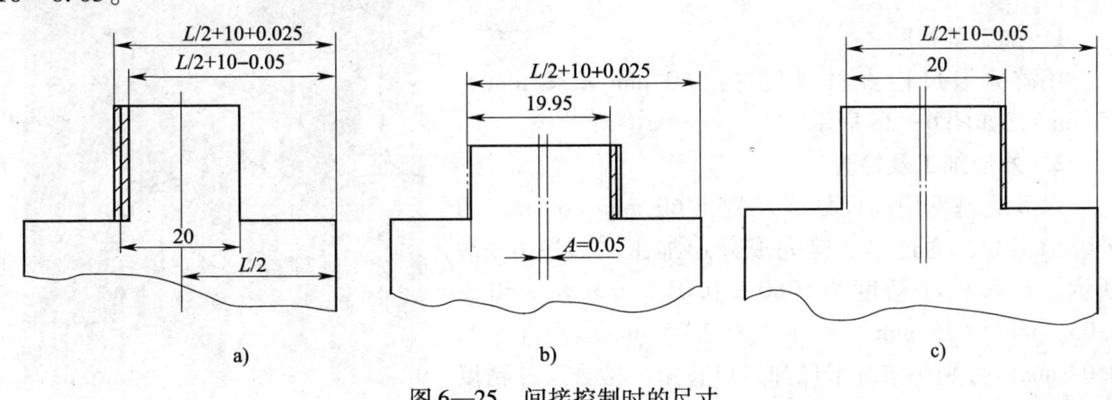

图 6—25　间接控制时的尺寸

任务实施

一、技能训练图

学生根据图 6—26 所示的技能训练图要求，完成凸字形加工。

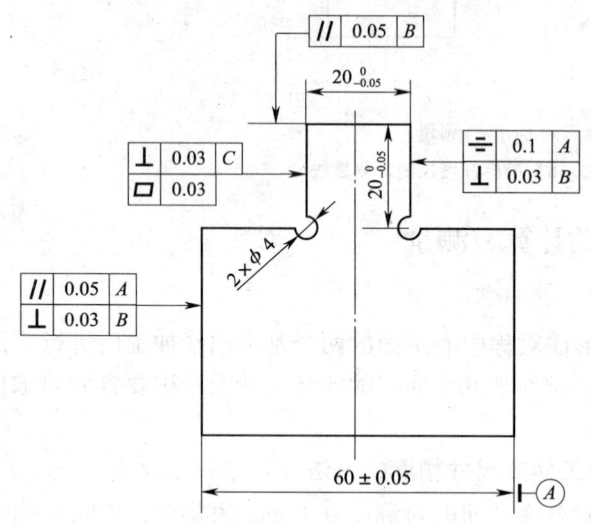

图 6—26　凸字形加工技能训练图

二、操作准备

1. 工具和量具：各种尺寸规格的锉刀（包括 250 mm 粗板锉、200 mm 中板锉、150 mm 细板锉、三角锉等），游标卡尺，高度划线尺，0 ~ 25 mm、25 ~ 50 mm、50 ~ 75 mm 千分尺，刀口直角尺，钢直尺，锯弓，锯条等。

2. 辅助工具：软钳口衬垫、毛刷等，如图 6—27 所示。

3. 材料：由项目五任务 2 转入，每人一块。

三、操作步骤

1. 加工前检验

用游标卡尺检查材料尺寸（60 mm × 78 mm × 15 mm），如图 6—28 所示。

2. 外形加工及检查

以 *B* 为基准用高度划线尺划出 60 mm × 60 mm 的外形加工线，通过锯、锉完成外形加工，如图 6—29 所示，要求尺寸精度为（60 ± 0.05）mm ×（60 ± 0.05）mm × 15 mm，平行度为 0.05 mm，垂直度为 0.03 mm。分别用游标卡尺和刀口直角尺检查尺寸精度和垂直度。

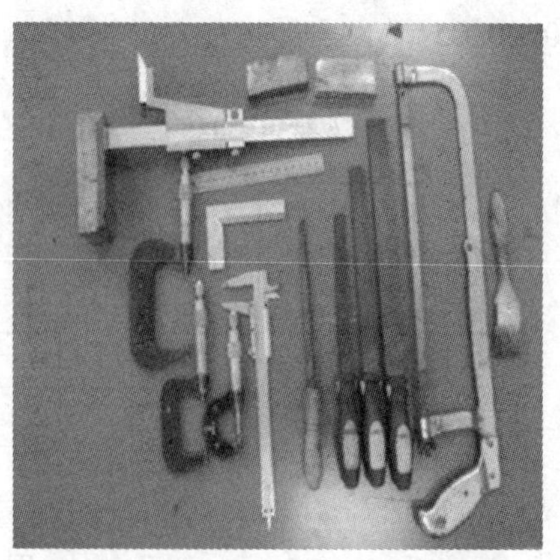

图 6—27　凸字形加工操作准备图

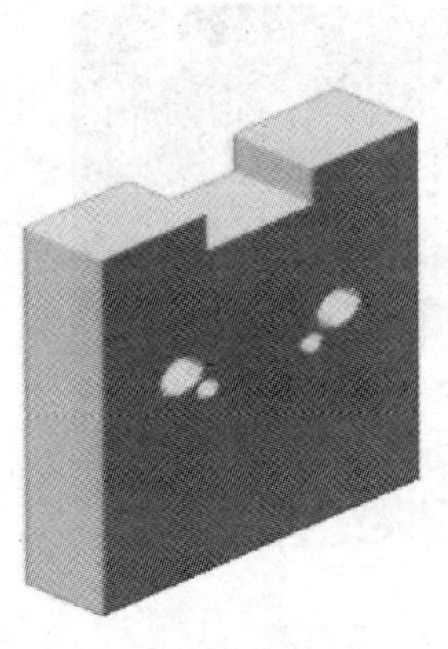

图 6—28　材料图

图 6—29　外形加工

3．划线

选择基准 *B* 和工件对称中心线作为划线基准，采用双面划线，依次划出各加工线。

4．加工凸台

如图 6—30 所示，按划线锯去一垂直角，粗、精锉削两垂直面。根据高度尺寸 60 mm，通过控制 40 mm 的尺寸误差值（本处应控制在 60 mm $-$ $20_{-0.05}^{\ 0}$ mm 的范围内），从而保证尺寸 $20_{-0.05}^{\ 0}$ mm；同样根据宽度尺寸 60 mm，通过控制 40 mm 处的尺寸处于最大控制尺寸和最小控制尺寸之间（本处应控制在 $60\times\frac{1}{2}$ mm + $10_{-0.05}^{+0.025}$ mm 的范围内），从而在保证尺寸 $20_{-0.05}^{\ 0}$ mm 的同时，又能保证其对称度误差小于或等于 0.1 mm。

图 6—30　加工凸台

如图 6—31 所示，按划线锯去另一垂直角，用上述方法控制并锉削至凸台高度尺寸 $20_{-0.05}^{\ 0}$ mm，至于凸字形面的宽度尺寸 $20_{-0.05}^{\ 0}$ mm，可直接测量。

5．修整、检验

全部锐边倒棱，检验各尺寸精度和形位精度。

四、练习记录及成绩评定

凸字形加工训练成绩评定见表 6—2。

图 6—31 加工另一凸台

表 6—2 凸字形加工训练成绩评定表

序号	项目及技术要求	配分	评分标准	检测记录	得分
1	尺寸要求（60 ± 0.05）mm（2 处）	20	超差不得分		
2	尺寸要求 $20_{-0.05}^{0}$ mm（2 处）	12	超差不得分		
3	平面度 0.03 mm	12	超差不得分		
4	凸头两侧面与基准 *B* 的垂直度 0.03 mm	8	超差不得分		
5	凸头两侧面与基准 *C* 的垂直度 0.03 mm	6	超差不得分		
6	凸头对称度 0.10 mm	15	超差不得分		
7	与基准 *A* 的平行度 0.05 mm	7	超差不得分		
8	与基准 *B* 的平行度 0.05 mm	7	超差不得分		
9	表面粗糙度值 *Ra* 3.2 μm	8	超差不得分		
10	安全文明生产	5	酌情扣分		

操作提示

1. 为了能对凸台的对称度进行测量控制，尺寸 60 mm 必须测量准确，并取其各点实测的平均值。

2. 加工凸台时，不能把两边角同时锯掉，否则会破坏加工时的测量基准。应先加工凸台一角，达到精度要求后，再加工凸台另一角。

3. 在整个加工过程中，加工面比较窄，但一定要锉平和保证与基准面的垂直度，从而达到图样的技术要求。

课后思考

1. 什么是对称度？

2. 凸字形加工时为什么不能将两个角的余量同时去除？